W. Grundmann

Finanz- und Versicherungs-mathematik

Finanz- und Versicherungsmathematik

Von Prof. Dr. rer. nat. Dr. oec. habil. Wolfgang Grundmann
Hochschule für Technik und Wirtschaft Zwickau (FH)

Springer Fachmedien Wiesbaden GmbH 1996

Prof. Dr. rer. nat. Dr. oec. habil. Wolfgang Grundmann

Geboren 1940 in Chemnitz. Von 1959 bis 1964 Studium der Mathematik an der Universität Leipzig und 1964 Diplomprüfung in Mathematik. Von 1964 bis 1969 wissenschaftlicher Assistent, 1969 Promotion und 1969 bis 1970 wissenschaftlicher Oberassistent an der TH Karl-Marx-Stadt.
Von 1970 bis 1971 Zusatzstudium an der Mathematisch-Mechanischen Fakultät der Universität Moskau. Von 1971 bis 1992 Hochschuldozent an der Ingenieurhochschule bzw. Technischen Hochschule Zwickau, 1989 Habilitation. 1990 Gastprofessor an der FH Darmstadt. Seit 1992 Professor für Mathematik an der Hochschule für Technik und Wirtschaft Zwickau (FH).
Arbeitsgebiete: Wahrscheinlichkeitsrechnung und Statistik, Mathematische Methoden in der Wirtschaft, Operations Research.

internet: http://www.th-zwickau.de/pti/fgmath/grundm1.html
email: Wolfgang Grundmann@banyan.th-zwickau.de

Gedruckt auf chlorfrei gebleichtem Papier.

Die Deutsche Bibliothek – CIP-Einheitsaufnahme

Grundmann, Wolfgang:
Finanz- und Versicherungsmathematik /
von Wolfgang Grundmann. – Stuttgart ; Leipzig : Teubner, 1996
   ISBN 978-3-8154-2087-4   ISBN 978-3-322-99194-2 (eBook)
   DOI 10.1007/978-3-322-99194-2

Umschlaggestaltung: E. Kretschmer, Leipzig

Vorwort

Dieses Buch wendet sich an Studierende der Wirtschaftswissenschaften, der Mathematik, der Informatik und der Ingenieurwissenschaften mit wirtschaftswissenschaftlicher Orientierung an Fachhochschulen und Universitäten. Daneben ist es auch für das Fernstudium und für die berufsbegleitende Weiterbildung geeignet. Zur Finanzmathematik gibt es eine breite Palette von Lehrbüchern mit unterschiedlichem Anspruchsniveau, während das Lehrbuchangebot zur Versicherungsmathematik bisher eher nicht ausreicht.

Das vorliegende Buch besteht aus zwei Teilen. Die ersten beiden Kapitel sind der Finanzmathematik gewidmet. Sie enthalten die Voraussetzungen und dienen als Brücke für den zweiten Teil, der sich mit der Versicherungsmathematik beschäftigt. Schwerpunkte sind vor allem die mathematischen Modelle und Verfahren in der Personenversicherung (in der Hauptsache Lebens- und Rentenversicherung) und in einigen Andeutungen in der Sachversicherung. Im Anhang wird aktuelles Daten- und Bildmaterial bereitgestellt.

Der Leser benötigt Grundkenntnisse der Wahrscheinlichkeitsrechnung und mathematischen Statistik sowie Erfahrungen in der mathematischen Modellierung praktischer Aufgabenstellungen. Das Kapitel 3 enthält zur Wahrscheinlichkeitsrechnung auch einige Fakten, die über das elementare Wissen hinausgehen.

Die wichtigsten Formeln und Definitionen werden durch Einrahmungen optisch hervorgehoben. Zum besseren Verständnis sind Beispiele angefügt worden. Im Normalfall reicht ein Taschenrechner zur Begleitung dieser Beispiele aus. Für umfangreiche numerische Berechnungen sowie für die Erstellung von Abbildungen wurde das Software-Paket MATHCAD 5.0 PLUS benutzt.

Ein herzlicher Dank sei gerichtet an Herrn Professor Dr. Laux, der mir den Weg zu Herrn Dr. Bertsch und Herrn Bläser von der Wüstenrot LebensversicherungsAktiengesellschaft geebnet hat. Diesen Herren bin ich für die Überlassung von Datenmaterial zur Versicherungsmathematik dankbar.

Mein besonderer Dank gilt der B. G. Teubner Verlagsgesellschaft in Leipzig für die Aufnahme des Buches in das Verlagsprogramm und Herrn Weiß für die Ermunterung zur Abfassung dieses Manuskriptes und für die gute Zusammenarbeit.

Zwickau, im Juli 1996   Wolfgang Grundmann

Inhalt

1   Zins und Zinseszins **9**
1.1   Grundlagen der Finanzmathematik 9
1.1.1   Arithmetische und geometrische Folgen und Reihen 9
1.1.2   Einfache Zinsrechnung 13
1.1.3   Zinseszinsrechnung 16
1.2   Das Äquivalenzprinzip der Finanzmathematik 18
1.2.1   Darstellung des Äquivalenzprinzips 18
1.2.2   Beispiele zum Äquivalenzprinzip 19
1.3   Weitere Aufgaben zu Zins und Zinseszins 22
1.3.1   Gemischte Verzinsung 22
1.3.2   Unterjährliche Verzinsung 23
1.3.3   Stetige Verzinsung 24
1.3.4   Vorschüssige und nachschüssige Zinsen 26

2   Renten und Tilgungen **29**
2.1   Konstante regelmäßige Zahlungen 29
2.1.1   Rentenrechnung 29
2.1.2   Tilgungsrechnung 30
2.1.3   Konstante Zahlungen 30
2.1.4   Ewige Rente und zeitlich begrenzte Rente 33
2.2   Fortschreitende Rentenzahlungen 34
2.2.1   Arithmetische Zuwächse 34
2.2.2   Geometrische Zuwächse 35
2.2.3   Allgemeines Modell 36
2.3   Unterjährliche Rentenzahlungen 36
2.4   Tilgungsrechnung 39
2.4.1   Ratentilgung 39
2.4.2   Annuitätentilgung 41
2.4.3   Unterjährliche Annuitätentilgung 45
2.4.4   Annuitätentilgung mit Auszahlungsgebühren 46
2.5   Mathematisches Modell des Bausparens 47
2.5.1   Beschreibung des Bausparens 47
2.5.2   Das statische Modell 49
2.5.3   Ein Modell mit unregelmäßigen Zahlungen 54
2.5.4   Nichtstatische Modelle des Bausparens 56
2.5.5   Effektivzinssatz in Bausparverträgen 61

3   Ergänzungen zur Wahrscheinlichkeitsrechnung und Statistik   65
3.1   Abhängige Zufallsgrößen und bedingte Wahrscheinlichkeiten 65

3.1.1	Stochastische Unabhängigkeit	65
3.1.2	Maßzahlen für die Abhängigkeit	69
3.1.3	Summen von Zufallsgrößen	69
3.2	Stochastische Prozesse	73
3.2.1	Einführung	73
3.2.2	Poissonsche Prozesse	75

4	**Mathematische Modelle von Personen- und Sachversicherungen**	**79**
4.1	Grundfragen der Versicherungsmathematik	79
4.2	Bevölkerungsstatistische und biometrische Grundlagen	81
4.2.1	Grundlegende Merkmale einer Population	81
4.2.2	Der Lebensbaum	83
4.2.3	Sterbetafeln	84
4.2.4	Rechnen mit Sterbewahrscheinlichkeiten	86
4.2.5	Zur Entstehung der Sterbetafeln	90
4.3	Überlebens- und Sterblichkeitsfunktionen	92
4.3.1	Das stetige Modell	92
4.3.2	Lebensdauerverteilungen	93
4.3.3	Sterblichkeitsintensität	94
4.3.4	Die Überlebensfunktion	97
4.3.5	Unterjährliche Sterbewahrscheinlichkeiten	98
4.4	Ausscheideordnungen	100
4.4.1	Einfache Ausscheideordnungen	100
4.4.2	Zusammengesetzte Ausscheideordnungen	100
4.5	Nettoprämien und Deckungskapital	103
4.5.1	Verlust und Überschuß	103
4.5.2	Das Deckungskapital	104
4.6	Risikotheorie	105
4.6.1	Die Besonderheiten von Sachversicherungen	105
4.6.2	Die individuelle Risikotheorie	105
4.6.3	Die kollektive Risikotheorie	107

5	**Spezielle Modelle von Versicherungen**	**109**
5.1	Lebensversicherungen	109
5.1.1	Todesfallversicherung - auf Lebenszeit, gegen Sofortbetrag	109
5.1.2	Todesfallversicherung - Beitragszahlung auf Lebenszeit	111
5.1.3	Todesfallversicherung - befristet, gegen Sofortbetrag	114
5.1.4	Todesfallversicherung - auf Lebenszeit, Beitragszahlung befristet...	114
5.1.5	Todesfallversicherung - Beitragszahlung und Versicherungsleistung befristet	115
5.1.6	Erlebensfallversicherung - gegen Sofortbetrag	117
5.1.7	Erlebensfallversicherung - Beitragszahlung bis zum Todesfall, spätestens zum Versicherungsende	118
5.1.8	Gemischte Versicherung - gegen Sofortbetrag	119
5.1.9	Gemischte Versicherung - Beitragszahlung bis zum Todesfall, spätestens zum Versicherungsende	119

5.1.10   Gemischte Lebensversicherung - befristete Beitragszahlung 120
5.1.11   Versicherung mit Bonus 120
5.2   Rentenversicherungen (Leibrenten) 121
5.2.1   Leibrenten auf Lebenszeit 121
5.2.2   Befristete Leibrenten 123
5.2.3   Aufgeschobene Leibrenten auf Lebenszeit 125
5.2.4   Aufgeschobene befristete Leibrenten 125
5.3   Übergang zu Bruttowerten 126
5.3.1   Zusätzliche Kosten einer Versicherung 126
5.3.2   Bruttoprämie 127
5.4   Andere Formen von Ausscheideursachen in
         Personenversicherungen 128

Tabellen und Bilder **131**
A. Sterbetafeln 131
   DAV-Sterbetafel 1994 T Männer 131
   DAV-Sterbetafel 1994 T Frauen 133
B. Bilder zu den Kenngrößen der DAV-Sterbetafel 1994 T 136
C. Verkürzte Sterbetafel 1994 T 146
D. Basistafel 2000 und Trendfaktor zur DAV-Sterbetafel 1994 R 150
E. Bilder der Verteilungsfunktion, Dichtefunktion und Sterblichkeits-
   intensität der Restlebensdauer von 0-, 20-, 40-, 60- und 80jährigen
   gemäß DAV-Sterbetafel 1994 T 157

Literatur **173**

Sachwortverzeichnis **175**

1 Zins und Zinseszins

1.1 Grundlagen der Finanzmathematik

In diesem Abschnitt werden die wichtigsten mathematischen Grundlagen und finanztechnischen Begriffe für den ersten Teil dieses Buches, die Finanzmathematik, zusammengestellt. Im Kapitel 3 und im Abschnitt 4.1 kommen dann noch die wesentlichen Grundlagen und Begriffe für die Versicherungsmathematik hinzu.

1.1.1 Arithmetische und geometrische Folgen und Reihen

Wird die Umsatzentwicklung eines Kreditinstituts in Jahresschritten verfolgt, dann entsteht eine Aufzählung, etwa in Form einer zweispaltigen (oder zweizeiligen) Tabelle mit Jahreszahlen und Geldbeträgen. Eine solche Aufzählung wird als *Folge* bezeichnet.

Definition 1.1: *Eine Aufzählung $a_1, a_2, ..., a_n$ bzw. $a_1, a_2, ..., a_n, ...$ wird als endliche bzw. als unendliche **Folge** bezeichnet; kurz $\{a_k\}$ oder $\{a_k\}_{1...n}$ oder $\{a_n\}_{1...\infty}$.*

*Die Glieder der Folge heißen **Elemente**.*

Die Umsätze formieren sich als Folge; ggf. sind andere Symbole/Buchstaben zu verwenden, wie hier: $U_1, U_2, ..., U_n$ bzw. um die Jahresschritte deutlicher zu kennzeichnen: $U_{1986}, U_{1987}, ..., U_{1994}$.

Wenn die Umsätze von Jahr zu Jahr um den gleichen Betrag steigen (oder fallen), dann entsteht eine *arithmetische Folge* (1.Ordnung).

> **Definition 1.2:**   *Eine Folge* $\{a_k\}_{1...n}$ *heißt* **arithmetisch**, *wenn die Differenz zweier aufeinanderfolgender Elemente konstant ist:* $a_{k+1} - a_k = d = const.$

Eine arithmetische Folge ist durch ihr Anfangselement a_1 (oder durch ein beliebiges anderes Element a_k) und ihre Differenz d eindeutig bestimmt:

$$a_1, a_2 = a_1 + d, a_3 = a_1 + 2d, ..., a_n = a_1 + (n-1)d, \tag{1.1}$$

ebenso auch durch zwei beliebige Elemente a_k und a_l der Folge: $d = \dfrac{a_k - a_l}{k - l}$.

Beispiel 1.1: Die Umsatzentwicklung eines Kreditinstituts vollziehe sich wie folgt: im Jahre 1986 belief sich der Umsatz auf 3,2 Millionen DM, im Jahre 1994 bereits auf 4,8 Millionen DM. Wie groß ist der durchschnittliche jährliche absolute Zuwachs?
Ergebnis: Offenbar ist $a_{1986} = 3{,}2$ und $a_{1994} = 4{,}8$. Hieraus folgt $a_{1994} - a_{1986} = 1{,}6$ und dann $d = 0{,}2$ Millionen DM. Real gesehen vollzieht sich diese Steigerung jedoch niemals in gleich großen Schritten, so daß die Formulierung „durchschnittlich" gerechtfertigt ist. Die arithmetische Folge wird als Modell für konstante absolute Zuwächse benutzt.

Werden die Elemente einer Folge, mit dem Anfangselement beginnend, schrittweise addiert, ergibt sich eine *Reihe*. Dies ist stets im übertragenen Sinne eine Summe.

> **Definition 1.3:**   *Die Folge der „Partialsummen"* $\{S_k\}$ *einer gegebene Folge* $\{a_k\}$: $S_1 = a_1, S_2 = a_1 + a_2, S_3 = a_1 + a_2 + a_3, ...$ *heißt* **Reihe**, *für* $n \to \infty$ *auch* **unendliche Reihe**: $\displaystyle\sum_{k=1}^{n} a_k$ *bzw.* $\displaystyle\sum_{k=1}^{\infty} a_k$.
>
> *(Der Startindex muß nicht 1 sein.)*

> **Definition 1.4:**   *Ist die Ausgangsfolge arithmetisch, dann heißt die entsprechende Reihe* **arithmetische Reihe**.

Aus der obigen Beziehung (1.1) folgt für die arithmetische Reihe:

$$\sum_{k=1}^{n} a_k = \frac{1}{2} n \cdot (a_1 + a_n). \tag{1.2}$$

Nützlich für viele Problemstellungen ist die bekannte Beziehung

$$1 + 2 + 3 + \ldots + n = \frac{n(n+1)}{2} \, .$$

(1.3)

Beispiel 1.2: Die Renteneinnahmen eines Pensionärs steigen von 1986 mit 20 TDM auf 36 TDM im Jahre 1994. Wie groß sind die Gesamteinnahmen im Zeitraum 1986 bis 1994?
Ergebnis: Nach (1.2) folgt 252 TDM.

Steigen die Umsätze eines Kreditinstituts jährlich nicht mit konstanten absoluten Beträgen, sondern mit konstanten prozentualen Zuwächsen, dann formiert sich die Datenfolge zu einer *geometrischen Folge*.

Definition 1.5:   *Eine Folge $\{a_k\}$ heißt* **geometrisch**, *wenn zwei aufeinanderfolgende Elemente einen konstanten Quotienten bilden:*

$$\frac{a_{k+1}}{a_k} = q = const.$$

q heißt **Wachstumsfaktor** *der geometrischen Folge. Für den prozentualen Zuwachs p gilt:*

$$q = 1 + \frac{p}{100} \, .$$

Beispiel 1.3: Im Jahre 1986 betrage der Umsatz des Kreditinstituts 3,2 Millionen DM. Er steige jährlich um 10% des jeweiligen Vorjahres. Der Verlauf der Umsatzentwicklung ist in einer Tabelle darzustellen.
Ergebnis:

Jahr	Umsatz
1986	3.200.000
1987	3.520.000
1988	3.872.000
1989	4.259.200
1990	4.685.120
1991	5.153.632
1992	5.668.995

Dem jährlichen prozentualen Zuwachs von 10% entspricht ein Wachstumsfaktor von $q = 1,1$. Real gesehen vollzieht sich die Steigerung jedoch niemals in gleich großen Prozentsätzen, so daß die Formulierung „durchschnittlich" gerechtfertigt ist. Die geometrische Folge wird als Modell für Folgen mit konstanten prozentualen Zuwächsen verwendet.

Aus der Definition 1.4 folgt

$$a_0, a_1 = qa_0, a_2 = qa_1 = q(qa_0) = q^2 a_0, \ldots,$$

also allgemein

$$a_n = q^n a_0 . \tag{1.4}$$

Mit einem beliebigen Element (z.B. dem Anfangselement - bei geometrischen Folgen in der Regel a_o genannt) und dem Quotienten q ist die geometrische Folge eindeutig bestimmt; dies gilt ebenso, falls zwei beliebige Elemente a_k und a_l festliegen, wie aus (1.4) folgt:

$$q^{k-l} = \frac{a_k}{a_l} \quad \text{sowie} \quad q = {}^{k-l}\!\sqrt{\frac{a_k}{a_l}} . \tag{1.5}$$

Beispiel 1.4: Der Umsatz eines Unternehmens ist innerhalb von 8 Jahren von 3,2 auf 4,8 Millionen DM gestiegen. Wie groß ist der durchschnittliche jährliche prozentuale Zuwachs des Umsatzes?
Ergebnis: $q^8 = 1,5$; $q = 1,0520$; $p = 5,20\%$.

Definition 1.6: $a_0 + a_0 q + a_0 q^2 + \ldots = a_0(1 + q + q^2 + \ldots) = a_0 \displaystyle\sum_{k=0}^{n \text{ oder } \infty} q^k$ *heißt*

geometrische Reihe.

Aus der bekannten Summenformel

$$1 + q + q^2 + \ldots + q^n = \frac{q^{n+1} - 1}{q - 1}$$

ergibt sich für eine endliche geometrische Reihe

$$a_0 \sum_{k=0}^{n} q^k = \begin{cases} a_0 \dfrac{q^{n+1} - 1}{q - 1} & \text{für } q \neq 1 \\ a_0(n+1) & \text{für } q = 1 \end{cases} . \tag{1.6}$$

Die Konvergenz der unendlichen geometrischen Reihe ist nur für $|q| < 1$ gesichert; dann ergibt sich

$$a_0 \sum_{k=0}^{\infty} q^k = \frac{a_0}{1-q} \,. \qquad (1.7)$$

Beispiel 1.5: Die in Beispiel 1.4 beschriebene Umsatzentwicklung führt in den 9 betreffenden Jahren auf einen Gesamtumsatz. Wie groß ist dieser Gesamtumsatz, konstantes prozentuales Wachstum vorausgesetzt?
Ergebnis: Mit $q = 1,0520$, $a_0 = 3,2 \cdot 10^6$, $n = 8$ und (1.6) wird der Gesamtumsatz 35.575.441,78 DM.

Wenn nun eine Entwicklung nach der geometrischen Folge verläuft und nach der Laufzeit dieser Entwicklung gefragt wird, muß mit Logarithmen gerechnet werden. Die Auflösung von (1.4) nach n ergibt sich zu

$$n = \frac{\ln \dfrac{a_n}{a_0}}{\ln q} \,. \qquad (1.8)$$

Beispiel 1.6: Wieviel Jahre dauert es, bis sich die in den Beispielen 1.4 und 1.5 beschriebenen Umsatzzahlen verdoppelt haben?
Ergebnis: Nach (1.4) gilt $6,4 = 3,2 \cdot 1,0520^n$; durch Probieren kann man erhalten: $n \approx 13..14$. Nach (1.8) ist $n = 13,68$, d.h., nach 14 Jahren wäre die Verdoppelung überschritten.

1.1.2 Einfache Zinsrechnung

Die Finanzmathematik ist ein Teilgebiet der angewandten Mathematik, welches in besonderem Maße am Anwendungsproblem orientiert ist. Sie ist deshalb weitestgehend auch für solche Nutzer erschließbar, die sich sonst immer vor mathematischer Strenge fürchten. Es werden keine tieferliegenden mathematischen Theorien gebraucht; aber Sicherheit in den mathematischen Grundlagen ist unverzichtbar.

Zunächst seien einige grundlegende Begriffe des Finanzwesens vorgestellt.

Definition 1.7:

Kapital	K	*Geldbetrag inkl. Zinsanteile*
Anfangskapital (Barwert)	K_0	*Kapital zu Beginn der Kapitalbewegung*
Endkapital (Endwert)	K_t oder K_n	*Kapital am Ende der Kapitalbewegung*
Zins/Zinsen	z	*Leihgebühr bei Guthaben oder Schulden*
Laufzeit	t oder n	*Zeitabschnitt für Kapitalbewegung*
Zinsperiode		*Basis-Zeitintervall für Zinserhebung*

<table>
<tr><td>Zinstermin</td><td></td><td>Zeitpunkt der Verzinsung</td></tr>
<tr><td>Zinssatz/-fuß *</td><td>p</td><td>Zins für 100 DM in einer Zinsperiode</td></tr>
<tr><td>Zinsrate</td><td>i</td><td>$i = \dfrac{p}{100}$</td></tr>
</table>

(Der Begriff Zinssatz wird in der Literatur nicht einheitlich verwendet.)*

Bei der einfachen Zinsrechnung werden die Zinsen

- innerhalb einer Zinsperiode - in vielen Fällen 1 Jahr mit Zinstermin am Jahresende - bei wechselnden Zu- und Abgängen von Kapital,
- ohne Verzinsung des Zinses über einen Zeitabschnitt, der größer als eine Zinsperiode ist,

berechnet. Die Entwicklung der Zinsen bzw. des Kapitals unterliegen dabei dem Modell der arithmetischen Folge, wie in Abschnitt 1.1.1 behandelt. Es handelt sich hier um ein *lineares* Modell.

Für den Standardfall - Zinsperiode 1 Jahr - wird im (deutschen) Finanzwesen meist der Monat zu 30 Tagen und das Jahr zu 360 Tagen angenommen. Hieraus folgt dann für den Zins z bei t Tagen Verzinsung bzw. für das Endkapital K_t:

$$z = \frac{t}{360}\frac{K_0 p}{100} \qquad\qquad K_t = K_0 + z = K_0\left(1 + \frac{p \cdot t}{100 \cdot 360}\right). \qquad (1.9)$$

Beispiel 1.7: Ein Angestellter erhält ab dem 10.3. sein Gehalt von 2775,00 DM monatlich auf ein Konto eingezahlt. Wie groß ist der Zinsertrag am Jahresende bei einem Zinssatz (Zinsperiode: p.a. ... per annum / pro Jahr) von 4%?
Ergebnis: $z = (290 + 260 + 230 + \ldots + 20) \cdot 2775 \cdot 4 / 100 / 360 = 477{,}92$ DM.

Wenn durch mehrfache Ein- und Auszahlungen von Kapitalbeträgen innerhalb einer Zinsperiode der Verzinsungsvorgang unübersichtlich wird, läßt sich durch die folgende Umstellung von (1.9) zu einem Doppelbruch

$$z = \frac{\dfrac{K_0 t}{100}}{\dfrac{360}{p}},$$

wobei $\dfrac{K_0 t}{100}$ *Zinszahl* und $\dfrac{360}{p}$ *Zinsteiler* genannt wird, eine praktikable Rechenvorschrift erzeugen: bei Kapitalbewegung werden zeitabschnittsweise nur die Zinszahlen addiert, und am Ende wird die entstandene Summe durch den Zinsteiler geteilt.

Beispiel 1.8:   Nach Beispiel 1.7 ergibt sich dann: $2775 \cdot 30/100 + 2 \cdot 2775 \cdot 30/100 + \ldots + 9 \cdot 2775 \cdot 30/100 + 10 \cdot 2775 \cdot 20/100 = 43012{,}5$; abschließende Division durch 90 ergibt 477,92 DM.

Die Umstellung des zweiten Teils der Formel (1.9) nach K_0 beschreibt den Vorgang *Diskontierung/Abzinsung.* Dieses Problem tritt dann auf, wenn die Entrichtung der Zinsen zu Beginn des Zinsvorgangs erfolgt, z. B. bei der Inanspruchnahme eines Wechsels oder bei der Entrichtung von Gebühren:

$$K_0 = \frac{K_t}{1 + \dfrac{p \cdot t}{100 \cdot 360}} \; . \tag{1.10}$$

Der in diesem Zusammenhang benutzte Zinssatz heißt *Diskontsatz.*

Beispiel 1.9:   Bei der Inanspruchnahme eines 8monatigen Kredits in Höhe von 60 000 DM werden der fällige Zins, 12,5% p.a., sowie eine Bearbeitungsgebühr von 1200 DM gleich zu Beginn der Laufzeit bei der Auszahlung abgezogen. Welchen Auszahlungsbetrag kann der Kreditnehmer erwarten? Wie groß ist der eigentliche (effektive) Zinssatz, der sich einschließlich der Gebühr ergibt?
Ergebnis: Aus (1.9) folgt $K_t = 60000$, $t = 240$, $p = 12{,}5$: $K_0 = 55384{,}61$; davon ist noch die Gebühr zu subtrahieren: $K_0^* = 54184{,}61$ DM; das ist der Auszahlungsbetrag.
Dieser wird wiederum als K_0 in (1.9) verwendet und nach p aufgelöst: 16,10%.

Zum Nachteil der Kunden wird bei der Diskontierung in den Bankinstituten nicht die Formel (1.9) bzw. (1.10), sondern der Einfachheit halber (Subtrahieren geht einfacher als Dividieren!)

$$K_0 = K_t - K_t \cdot \frac{p}{100} \cdot \frac{t}{360} = K_t \left(1 - \frac{p \cdot t}{100 \cdot 360}\right) \tag{1.11}$$

benutzt. Das nachfolgende Beispiel demonstriert den Gewinn des Bankinstituts und den Verlust des Kunden.

Beispiel 1.10:   Vergleichen Sie die Ergebnisse aus den Formeln (1.10) und (1.11) ausgehend von den Daten des Beispiels 1.9.
Ergebnis: Es würde dann folgen: $K_0 = 55.000{,}00$ DM, also ein Gewinn bzw. Verlust von 384,61 DM, das sind immerhin 0,64% der Kreditsumme.
Ermitteln Sie nun noch ganz allgemein die Differenzbeträge, die aus der Verwendung der Formeln (1.10) und (1.11) resultieren!

1.1.3 Zinseszinsrechnung

Zunächst vereinbaren wir einige häufig verwendete Größen.

Definition 1.8:

Aufzinsungsfaktor	q	$q = 1 + \dfrac{p}{100} = 1 + i$
Abzinsungsfaktor/Diskontierungsfaktor	v	$v = \dfrac{1}{q} = \dfrac{1}{1+i}$
Abzinsrate	d	$\dfrac{1}{1-d} = 1 + i \qquad d = \dfrac{i}{1+i}$
Zinsintensität	δ	$\delta = \ln(1+i)$

Bei vielen Kapitalbewegungsvorgängen werden die Zinsen zu feststehenden Terminen, den Zinsterminen, erhoben bzw. errechnet und anschließend dem vorhandenen Kapital hinzugeschlagen, d.h. bei der nächstfolgenden Verzinsung mit verzinst. Das Ergebnis wird Zinseszins genannt. Der Abstand zweier aufeinanderfolgender Zinstermine heißt Zinsperiode. Ist die Laufzeit einer Kapitalbewegung mit Zinseszins ein ganzzahliges Vielfaches n der Zinsperiode, in vielen Fällen ein Jahr, dann ergibt sich die folgende Formel

$$K_1 = K_0 + z = K_0 + K_0 \frac{p}{100} = K_0(1 + \frac{p}{100}) = K_0 q$$

$$K_2 = \ldots = K_0(1 + \frac{p}{100})^2 = K_0 q^2$$

usw.

$$K_n = K_0(1 + \frac{p}{100})^n = K_0 q^n \ . \tag{1.12}$$

Die Entwicklung der Zinsen bzw. des Kapitals vollziehen sich nach dem Modell der geometrischen Folge. Es handelt sich in (1.12) um ein *exponentielles* Modell. Die Zinseszinsrechnung ist die Nutzung der Definition 1.4 in der Finanzmathematik.

Die Grundformel (1.12) der Zinseszinsrechnung enthält vier Größen und dementsprechend vier Grundaufgaben, je nach Auflösung nach einer unbekannten Größe in Abhängigkeit von den drei anderen bekannten Größen.

> **Grundaufgaben der Zinseszinsrechnung:**
>
> *1. Auflösung nach den Endwert:* siehe *(1.12)*
>
> *2. Auflösung nach dem Barwert:* $K_0 = \dfrac{K_n}{q^n}$
>
> *3. Auflösung nach dem Zinssatz:* $q = \sqrt[n]{\dfrac{K_n}{K_0}}, \quad p = 100 \cdot (q-1)$
>
> *4. Auflösung nach der Laufzeit:* $n = \dfrac{\ln \dfrac{K_n}{K_0}}{\ln q}$

Amtliche Grundlage und auch Rechengrundlage in einem Verzinsungsvorgang ist in der Regel der *Nominalzinssatz (nomineller Zinssatz)* - ein Zinssatz, der im wesentlichen ein „runder" Zinssatz ist, z. B. 5% oder 5¼%. Bei vielen Betrachtungen benötigt man aber zu Vergleichszwecken den *Realzinssatz (effektiver Zinssatz, Effektivzinssatz)*; dieser Zinssatz schließt Zahlungen ein, die die Zinsvorgänge begleiten, z.B. Gebühren, einmalige Schätzkosten, Bonuszusagen usw. Der Realzinssatz wird meist in Hundertstel Prozent angegeben, z.B. 5,52%, so daß inklusive aller sonstigen Zahlungsvorgänge im gesamten Verzinsungsprozeß eigentlich mit 5,52% verzinst wird.

Beispiel 1.11: Ein Sparkonto von 22.100 DM wird 5 Jahre lang mit 5,5% verzinst. Wie groß ist der Endbetrag?
Ergebnis: Gemäß 1.Grundaufgabe bzw. (1.12) 28.883,82 DM.

Beispiel 1.12: Ein Bankkunde erwirbt ein abgezinstes Wertpapier mit dem Nominalwert 10000 DM, der Laufzeit 5 Jahre und dem (nominellen) Jahreszinssatz von 5,8%. Wieviel kostet das Wertpapier beim Kauf?
Ergebnis: Gemäß 2.Grundaufgabe 7.543,48 DM.

Beispiel 1.13: Welcher (effektive) Jahreszinssatz liegt zugrunde, wenn der Bankkunde gemäß Beispiel 12 beim Kauf noch zusätzlich 0,25% vom Nominalwert Gebühr bezahlen muß?
Ergebnis: $n = 5$, $K_0 = 7543,48 + 25,00$, $K_5 = 10000$: 5,73%.

Beispiel 1.14: Nach wieviel Jahren verdoppelt sich der Betrag eines Sparkontos beim Jahreszinssatz von 5,8%?
Ergebnis: $K_n = 2 \cdot K_0$: 12,29 Jahre, d.h., nach 12 Jahren hat sich der Betrag noch nicht ganz verdoppelt, nach 13 Jahren ist die Verdoppelung überschritten.

Beispiel 1.15: Ein abgezinstes Wertpapier (Zerobond, Nullkupon) wird am 30.6.1995 zum Nennwert 100,00 DM und zum Ausgabepreis von 64,75 DM verkauft. Die Laufzeit beträgt 8 Jahre (30.6.2003). Wie ist der effektive Zinssatz?
Ergebnis: Gemäß 3.Grundaufgabe 5,58%.

Die nächsten Abschnitte und Kapitel zur Finanzmathematik benutzen die einfache Zinsrechnung und die Zinseszinsrechnung als Grundlage für weitere Verfeinerungen und für reale Aufgabenstellungen aus der Praxis.

1.2 Das Äquivalenzprinzip der Finanzmathematik

1.2.1 Darstellung des Äquivalenzprinzips

Das Äquivalenzprinzip der Finanzmathematik sichert die Vergleichbarkeit von Kapitalveränderungen zu unterschiedlichen Zeitpunkten. Grundprinzip ist die Festlegung eines Bezugszeitpunktes, auf den mittels Auf- bzw. Abzinsung alle Kapitalveränderungen einschließlich der betreffenden Zeitpunkte bezogen werden. Als Bezugszeitpunkt wird in der Regel entweder der Zeitpunkt des Beginns (für den Barwert) oder der Zeitpunkt des Endes (für den Endwert) einer Kapitalbewegung benutzt; eine andere Wahl ist natürlich auch möglich.

Definition 1.9:   *Zwei Zahlungsfolgen*

$Z_1, Z_2, ..., Z_n$ *zu den Zeitpunkten* $t_1, t_2, ..., t_n$

$Z_1', Z_2', ..., Z_m'$ *zu den Zeitpunkten* $t_1', t_2', ..., t_m'$

*heißen **äquivalent** bez. des festen Zinssatzes p bzw. des festen Aufzinsungsfaktors q, wenn*

$$\sum_{j=1}^{n} Z_j\, q^{T-t_j} = \sum_{k=1}^{m} Z_k'\, q^{T-t_k'} ,$$

wobei der Bezugszeitpunkt T beliebig ist.

Die Elemente Z der beiden Zahlungsfolgen können positives oder negatives Vorzeichen haben, je nachdem ob es sich um Einzahlungen oder Auszahlungen handelt. Das Äquivalenzprinzip hat weitreichende Bedeutung bei Kapitalbewegungen, die mehreren Veränderungen unterliegen, so z.B. in der Investitionsrechnung, in der Renten- und Tilgungsrechnung sowie in der Versicherungsmathematik.

Die Definition 1.8 verlangt natürlich hinsichtlich der Maßeinheiten präzise Vorgaben, etwa sämtliche Zahlungen in DM, alle Zeitangaben in Jahren und der Zinssatz p.a. Eine Anwendung mit gebrochener Zinsperiode wird später behandelt.

Das Äquivalenzprinzip kann auch für nur eine Zahlungsfolge in folgender Form benutzt werden - und das ist gerade typisch für die Anwendungen:

Definition 1.10:

$$G_T = \sum_{j=1}^{n} Z_j \, q^{T-t_j}$$

heißt (vom Bezugszeitpunkt T abhängiger) **Gesamtwert** *der Zahlungsfolge.*

Falls $t_1 < t_2 < ... < t_n$ *eine monoton wachsende Folge von Zeitpunkten ist (der Regelfall), dann heißt der Gesamtwert*

Barwert der Zahlungen	*für* $T = t_1$,
Endwert der Zahlungen	*für* $T = t_n$.

1.2.2 Beispiele zum Äquivalenzprinzip

Für Kapitalbewegungen, die sich durch regelmäßige Zeitabstände (z.B. Jahre) und konstante (oder andere durch einfache Gesetze beschreibbare) Zahlungen charakterisieren lassen, sind die Berechnungen einfacher; siehe Renten- und Tilgungsrechnung. In diesem Abschnitt geht es lediglich um Beispiele mit unregelmäßigen Zeitabständen und/oder unregelmäßigen Zahlungen.

Ein wichtiger Problemkreis, der mit dem Äquivalenzprinzip behandelt wird, ist die *Investitionsrechnung*. Bei der Bewertung einer Investition kommt es auf

- die Zeitpunkte t_0, t_1, t_2, ... , t_n an, in denen

- die Ausgaben A_0, A_1, A_2, ... , A_n bzw.

- die Einnahmen E_1, E_2, ... , E_n

getätigt werden. Wegen der Verzinsung und dem Inkrafttreten des Äquivalenzprinzips ändern sich die Geldbeträge bei Zeitveränderungen; aus diesem Grunde darf man nicht einfach summieren. Die Differenzen $E_k - A_k$ sind Gewinne (Überschüsse, *cash flow*). Es gilt im Zusammenhang aller Beträge, wobei der Startzeitpunkt t_0 der Betrachtungszeitpunkt des Gesamtproblems sein soll (aber nicht muß):

$$C_0 = -A_0 + \frac{E_1 - A_1}{q(t_1)} + \frac{E_2 - A_2}{q(t_2)} + ... + \frac{E_n - A_n}{q(t_n)}. \tag{1.13}$$

Dabei sind die $q(t_k)$ Abzinsungsfaktoren für den Zeitpunkt t_k, bezogen auf den Zeitpunkt t_0 und auf den Zinssatz p.a. p. Für den einfachen Fall, daß alle Zeitpunkte den Abstand 1 Jahr haben, gilt statt (1.13)

$$C_0 = -A_0 + \frac{E_1 - A_1}{q} + \frac{E_2 - A_2}{q^2} + \ldots + \frac{E_n - A_n}{q^n} = -A_0 + \sum_{k=1}^{n} \frac{E_k - A_k}{q^k}. \qquad (1.14)$$

Die Größe C_0 heißt *Kapitalwert* der Investition. Das ist der Barwert der gesamten Kapitalanlage, die mit der Investition zusammenhängt. Für $C_0 > 0$ ist die Investition günstig - die Einnahmen überwiegen -, für $C_0 < 0$ ist die Investition ungünstig. Diese Betrachtungsweise ist unter dem Namen *Kapitalwert-Methode der Investitionsrechnung* bekannt.

Ermittelt man die Zweckmäßigkeit der Investition statt dessen durch Festsetzen von $C_0 = 0$ und Berechnung des entsprechenden Zinssatzes p bzw. des Zinsfaktors q^*, dann spricht man von der *Zinsfußmethode*. q^* ist Lösung der Gleichung (aus (1.14))

$$-A_0 + \sum_{k=1}^{n} \frac{E_k - A_k}{q^{*k}} = 0$$

bzw.

$$-A_0 \, q^{*n} + \sum_{k=1}^{n} (E_k - A_k) \cdot q^{*(n-k)} = 0.$$

Das ist eine algebraische Gleichung n-ten Grades, die, sobald $n > 2$ ist, näherungsweise gelöst werden muß. Zur Demonstration dienen auch die folgenden Beispiele.

Beispiel 1.16: Ein Unternehmer beschafft im Jahre 1995 zum Anschaffungspreis 200.000 DM für drei Jahre eine Maschine und hofft, folgende Gewinne machen zu können (gerechnet jeweils zum Jahresende):

1995 50.000 DM, 1996 80.000 DM, 1997 90.000 DM.

Ist das bei einem Zinssatz von 5% eine sinnvolle Anschaffung (die Maschine sei nach 1997 nicht mehr brauchbar)?
Ergebnis: Der Barwert der Gesamtgewinne ist 197.926,79 DM; dieser Wert liegt unter dem Anschaffungspreis, damit gilt die Investition als nicht günstig (jedenfalls nicht beim Zinssatz von 5%).

Beispiel 1.17: Auf der Grundlage von Beispiel 1.16 ist zu überlegen, ob es einen anderen Zinssatz gibt, für den die obige Anschaffung rentabel wäre.
Ergebnis: Diese Überlegung führt zu einem Polynom 3.Grades: $5q^2 + 8q + 9 > 20q^3$. Die Ungleichung ist erfüllt für $q < 1{,}0449$, d.h. $p < 4{,}49\%$. Also ist die Anschaffung für eine langjährig schwache Zinszeit schon rentabel, nur nicht für 5% wie in Beispiel 1.16.

Beispiel 1.18: Eine Anlage wird für den Preis von 180.000 DM angeschafft. Ihre Nutzungsdauer betrage 4 Jahre; in diesen Jahren werden folgende weiteren Ausgaben erforderlich: 80.000 DM, 120.000 DM, 140.000 DM und 110.000 DM. Dagegen stehen die Einnahmen in diesen Jahren: 150.000 DM, 180.000 DM, 200.000 DM und 160.000 DM (alle Einnahmen- und Ausgabenbeträge durch Experten geschätzt!). Ist diese Investition beim Zinssatz von 8% zweckmäßig? (jetzt: alle Kapitalbewegungen zum Jahreswechsel - das ist natürlich in der Praxis nicht real!)
Ergebnis: Endwert der Ausgaben (in TDM): $180 \cdot 1{,}08^4 + 80 \cdot 1{,}08^3 + 120 \cdot 1{,}08^2 + 140 \cdot 1{,}08 + 110 = 746{,}8$; Endwert der Einnahmen: $150 \cdot 1{,}08^3 + 180 \cdot 1{,}08^2 + 200 \cdot 1{,}08 + 160 = 774{,}9$. Nach Äquivalenzprinzip überwiegen also die Einnahmen.

Beispiel 1.19:   Ausgehend von Beispiel 1.18: Gibt es einen Zinssatz, für den die beschriebene Investition auch ungünstig ausfallen kann?
Ergebnis: Ungünstig hieße: Endwert der Ausgaben höher als Endwert der Einnahmen (oder auch Barwert); es ist die folgende Ungleichung zu betrachten:

$$180q^4 + 80q^3 + 120q^2 + 140q + 110 > 150q^3 + 180q^2 + 200q + 160;$$

das führt zu der Ungleichung

$$180q^4 - 70q^3 - 60q^2 - 60q - 50 > 0.$$

Da für $q = 1$ die Ungleichung offensichtlich nicht erfüllt ist, sie aber für große q erfüllt ist (nach oben geöffnete Parabel 4.Grades), muß es mindestens eine Lösung der Gleichung (hier halten sich Ausgaben und Einnahmen die Waage)

$$180q^4 - 70q^3 - 60q^2 - 60q - 50 = 0$$

geben. Für $q > 1{,}1333$ bzw. $p > 13{,}33\%$ ist die Investition ungünstig.

Beispiel 1.20: Wiederum ausgehend von Beispiel 1.18: Mit welchem Anschaffungspreis könnte man die Investition bei einem Zinssatz von 8% günstig halten?
Ergebnis: Es ist der im Beispiel 1.18 angesetzte Anschaffungspreis von 180 TDM zu variieren; dazu nehmen wir die letzte Gleichung aus Beispiel 1.19, setzen $q = 1{,}08$ und den ersten Koeffizienten gleich A:

$$A \cdot 1{,}08^4 - 70 \cdot 1{,}08^3 - 60 \cdot 1{,}08^2 - 60 \cdot 1{,}08 - 50 < 0;$$

hieraus folgt für A: für jeden Preis unter 200,6 TDM ist die Investition günstig.

Weitere Informationen zur Investitionsrechnung sind in [DÄ1] und [DÄ2] zu finden.

1.3   Weitere Aufgaben zu Zins und Zinseszins

1.3.1   Gemischte Verzinsung

Die gemischte Verzinsung tritt auf, wenn der Zeitabschnitt der Verzinsung so beschaffen ist, daß sowohl einfache Zinsrechnung als auch Zinseszinsrechnung einbezogen werden müssen, also

- wenn mindestens ein Zinstermin überschritten wird und

- der Zeitabschnitt der Verzinsung nicht einer ganzzahligen Anzahl von Zinsperioden entspricht.

Zinsperioden und Laufzeiten müssen nicht gleichzeitig beginnen und enden. Daraus ergeben sich Anpassungsprobleme, die mit der „gemischten Verzinsung", d.h. der Kopplung von einfacher Zinsrechnung und Zinseszinsrechnung, erfaßt werden. Die jeweilige Problemstellung läßt sich schnell bewältigen, wenn Zeitabschnitt und Zinssatz bekannt sind. Wenn hingegen eines dieser beiden Daten ermittelt werden soll, kann die Berechnung schwierig sein.

Die Zinsperiode sei ein Jahr, der Zinstermin jeweils das Jahresende, t_1 sei die Anzahl der Tage bis zum ersten Zinstermin ($t_1 < 360$), n sei die Anzahl der vollen Zinsperioden ($n \geq 0$), t_2 sei die Anzahl der Tage nach dem letzten Zinstermin. K_0 sei der Barwert und K_t sei der Endwert; p sei der Zinssatz. Dann gilt

$$K_t = (1 + \frac{t_1}{360} \frac{p}{100})(1 + \frac{p}{100})^n (1 + \frac{t_2}{360} \frac{p}{100}) K_0. \tag{1.15}$$

Beispiel 1.21: Ein Geldbetrag von 10.000 DM wird am 4.7.1991 zur Bank gebracht, mit 6% verzinst und am 12.4.1995 wieder ausgezahlt. Wie groß ist der Auszahlungsbetrag?
Ergebnis: $t_1 = 176$, $t_2 = 102$, $n = 3$, $p = 6$, $K_0 = 10.000$; $K_t = 12.467,94$.

Beispiel 1.22: Ein Geldbetrag wird am Tag d für ein volles Jahr angelegt. Es wird vereinbart, am Jahresende eine Zwischenverzinsung vorzunehmen und dem Kapital hinzuzurechnen. Ergründen Sie, ob der Endbetrag von diesem Tag d abhängig ist!
Ergebnis: Aus (1.15) folgt wegen $n = 0$ eine quadratische Funktion, die für $d = 180$ ein Maximum hat, d.h., der Endwert der einjährigen Anlage ist am größten, wenn zu Jahresmitte eingezahlt wird, und er ist am kleinsten zum Jahreswechsel. Der Unterschied im Kapitalertrag beträgt bei einem Zinssatz von $p = 5\%$ weniger als 0,06%. Rechnen Sie nach!

Beispiel 1.23: Ein Kreditinstitut bietet einem Kunden an, am 5.9.1995 einen Kredit in Höhe von 25.000 DM (Rückzahlungswert) bis zum 31.3.1998 zu erhalten. Er soll zu Beginn der Laufzeit 18.000 DM ausgezahlt bekommen. Wie groß ist der Zinssatz?
Ergebnis: $t_1 = 115$, $t_2 = 90$, $n = 2$, $K_0 = 18.000$, $K_t = 25.000$. (1.15) wird zu einem Polynom 4.Grades. Die Näherungslösung ergibt $p = 13,49\%$.

Beispiel 1.24: Ein Kreditnehmer erhält von seiner Kreditsumme von 25.000 DM am 5.9.1995 die Auszahlung 18.000 DM mit der Sonderkondition eines sehr günstigen Zinssatzes von 10%. Wann ist die Kreditsumme von 25.000 DM mit einmaliger Zahlung zu tilgen?
Ergebnis: $t_1 = 115$, $p = 10$, $K_0 = 18.000$, $K_t = 25.000$. Die Lösung beginnt mit der einfachen Zinsrechnung bis zum Jahresende: 18.575,00 DM, sodann gemäß (1.8) mit Berechnung des ganzzahligen n: 24.723,32 DM in vollen 3 Jahren, schließlich werden mit einfacher Zinsrechnung die Resttage ermittelt: 40 Tage, d.h., die Kreditsumme 25.000 DM wird am 10.2.1999 fällig. (Nach 40 Tagen: 24.998,02 DM; nach 41 Tagen 25.004,89 DM.)

1.3.2 Unterjährliche Verzinsung

Abweichend vom „Normalfall" wird in einigen Zweigen des Finanzwesens, so z.B. im Kreditwesen, oft mit anderen Zinsperioden als „Jahr" gearbeitet, etwa halbjährlich, vierteljährlich oder monatlich. Zum Zwecke des Vergleichs wird jedoch meist der Effektivzins auf ein Jahr (p.a.) bezogen. Mit der Einführung kürzerer Zinsperioden gibt es dann Verschiebungen in den Endwerten bzw. in den Barwerten.

Definition 1.11:   *Ist p der nominelle Jahreszinssatz und k die Anzahl der Zinsperioden pro Jahr, dann heißt*

$$p^{(k)} = \frac{p}{k}$$

unterjährlicher (halbjährlicher, vierteljährlicher, monatlicher,...) Zinssatz.

Für die Bezeichnung „unterjährlich" wird gelegentlich auch „unterjährig" verwendet.

Beispiel 1.25: Wenn ein Kapital von 10.000 DM mit 6% Jahreszinssatz verzinst wird, entsteht der Endwert 10.600 DM. Mit Hilfe der Zinseszinsformel sind dann folgende Probleme zu lösen: Wird vergleichsweise halbjährlich mit 2 Zinsperioden zu 3% verzinst, entsteht der Endwert 10.609 DM; wird vierteljährlich mit 4 Zinsperioden zu 1,5% verzinst, entsteht der Endwert 10.613,63 DM; wird monatlich mit 12 Zinsperioden zu 0,5% verzinst, entsteht der Endwert 10.616,78 DM.

Es gilt nun folgende Formel:

$$K^{(k)} = K_0 \left(1 + \frac{p}{100k}\right)^k = \left(1 + \frac{p^{(k)}}{100}\right)^k \tag{1.16}$$

für eine (beliebige) Unterteilung eines Jahres; wie oben bereits erwähnt, werden hauptsächlich verwendet: $k = (1),2,4,6,12,360$. Offenbar gilt (vgl. den Grenzwert $\lim_{k \to \infty}\left(1 + \frac{\alpha}{k}\right)^k = e^{\alpha}$ und die Einbeziehung der Monotonie zu dessen Herleitung) die Monotonie:

$$K^{(1)} < K^{(2)} < K^{(4)} < ... < K^{(360)} \, .$$

Also führt beispielsweise die monatliche Verzinsung eines Kredits auf eine höhere Belastung, als im (nominellen) Jahreszinssatz angegeben. Hier hilft auch die Angabe eines Effektivzinssatzes p.a. (gelegentlich sagt man konformer Zinssatz, d.h., unterjährlicher Zinssatz hochgerechnet auf ein Jahr):

$$1 + \frac{p_{eff}}{100} = (1 + \frac{p_{nom}}{100 \cdot k})^k \, . \tag{1.17}$$

Beispiel 1.26: Welchem effektiven Jahreszinssatz entspricht ein nomineller Jahreszinssatz von 6% bei monatlicher Zinsperiode?
Ergebnis: p_{nom} = 6%, k = 12: p_{eff} = 6,17%.

Beispiel 1.27: Ein Kreditnehmer ist nicht interessiert an einem Effektivzinssatz, der über 12% liegt. Welchem vierteljährlichen Nominalzinssatz dürfte er maximal zustimmen?
Ergebnis: Aus (1.17) folgt nach Auflösung nach p_{nom} : 11,49% maximal, fürs Vierteljahr 2,87% maximal.

1.3.3 Stetige Verzinsung

Wir betrachten jetzt den Grenzfall $k \to \infty$ bei ständiger Verfeinerung der unterjährlichen Verzinsung: die Anzahl der Zinsperioden wird sehr groß, die Länge der Zinsperioden sehr klein, ebenso die unterjährlichen Zinssätze. Wegen (1.17) gilt

$$p_{stet} = \lim_{k \to \infty} 100 \cdot \left[(1 + \frac{p}{100 \cdot k})^k - 1 \right] = 100 \cdot (e^{\frac{p}{100}} - 1) \, . \tag{1.18}$$

Dieser Vorgang heißt *stetige Verzinsung* (Augenblicksverzinsung, kontinuierliche Verzinsung).

Für das Kapitalwachstum gilt dann

$$K_t = K_0 (e^{\frac{p}{100}})^t$$

bzw. mit $e^\delta = 1 + \frac{p}{100}$ oder $\delta = \ln q = \ln(1 + i)$, wobei δ *Zinsintensität* genannt wird.
Für die stetige Verzinsung ist dann:

$$K_t = K_0 e^{\delta t} \, .$$

Für kleines p, d.h. auch für eine kleine Zinsrate i, gilt demnach $\delta \approx i$. Mit einem negativen δ kann das Abzinsen dargestellt werden.

Beispiel 1.28: Untersuchen Sie den Jahreszinssatz von 6% bei stetiger Verzinsung!

Ergebnis: $e^{\frac{p}{100}} = e^{0.06} = 1{,}0618$, Zinsintensität $\delta = \ln 1{,}06 = 0{,}0583$. Daraus folgt. Die unendlich feine Zergliederung des (nominellen) Jahreszinssatzes von 6% entspricht einem (konformen)

Effektivzinssatz von 6,18%; zum Erreichen eines effektiven Jahreszinssatzes von 6% reicht eine stetige Verzinsung von 5,83%.

Die stetige Verzinsung ist im Finanzwesen lediglich ein theoretisches Modell und geeignet für das Rechnen mit sehr kurzen Zinsperioden bzw. Zeitabschnitten beliebiger Länge. Wichtig ist das Modell der stetigen Verzinsung für die Darstellung von Wachstumsprozessen (exponentielles Modell, Verallgemeinerung der geometrischen Folge zur Exponentialfunktion) sowie für die stetige Modellierung in der Finanz- und Versicherungsmathematik.

Wir betrachten jetzt ein stetiges Modell (mit höherem mathematischem Anspruch). Es sei $K(t)$ der Kapitalbestand zur Zeit t. Zugang und Abgang zu diesem Kapital im Zeitintervall $[t,t+dt)$ wollen wir mit $g(t)dt$ benennen, wobei $g(t)$ sowohl positiv als auch negativ sein kann. Die (stetige) Zinszuführung soll mit der variablen Zinsintensität $\delta(t)$ beschrieben werden: im Zeitintervall $[t,t+dt)$ ergeben sich die Zinsen zu $K(t)\delta(t)dt$. Daraus folgt für die Änderung des Kapitalbestandes:

$$dK(t) = K(t)\delta(t)dt + g(t)dt; \tag{1.19}$$

damit besteht die Differentialgleichung

$$K'(t) = K(t)\delta(t) + g(t),$$

eine lineare Differentialgleichung 1.Ordnung. Nur für den Fall, daß die Zinsintensität konstant ist: $\delta(t) = \delta$, wollen wir die Lösung der Differentialgleichung aufschreiben. Die homogene Gleichung

$$K'(t) = K(t)\cdot\delta$$

ergibt die allgemeine Lösung $K(t) = K_0 e^{\delta t}$ mit $K_0 = K(t_0)$. Die inhomogene Gleichung

$$K'(t) = K(t)\cdot\delta + g(t)$$

führt zur allgemeinen Lösung

$$K(t) = K_0\, e^{\delta t} + e^{\delta t}\cdot\int_{t_0}^{t} g(\tau)e^{-\delta\tau}d\tau\,;$$

dieses Ergebnis ist natürlich für das alltägliche Finanzwesen kaum von Interesse. Noch ein Wort zum Verständnis für $g(t)$. $g(t)$ ist eine Geldflußintensität. Mit dem Integral

$$\int_{t_1}^{t_2} g(t)dt$$

wird die gesamte Geldzuflußmenge im Zeitintervall $[t_1, t_2)$ erfaßt, d.h. die Summe der Zu- und Abgänge zum Kapitalbestand. Als Sonderfälle geben wir an:

- Der Normalfall: zu gewissen Zeitpunkten t_k werden Geldbeträge g_k zu- oder abgeführt; dann hat $g(t)$ den Charakter einer Deltafunktion; das obige Integral zerfällt dann in eine Summe mit endlich vielen Summanden, die den genannten Zeitpunkten entsprechen:

$$K(t) = K_0 e^{\delta t} + \sum_k g_k e^{\delta(t - t_k)} \qquad (1.20)$$

für alle k, die den Zeitpunkten im Intervall $[t_0, t)$ gehören. Das entspricht genau dem Äquivalenzprinzip.

- Es finden keinerlei Zu- oder Abgänge statt; dann ist $g(t) \equiv 0$; für diesen Fall steht die homogene Differentialgleichung zu (1.19) und deren Lösung

$$K(t) = K_0 e^{\delta t} \; ;$$

- $g(t)$ ist eine Konstante: $g(t) = g$; das bedeutet einen gleichmäßigen (positiven oder negativen) Geldfluß zum Kapitalbestand (als würde die Veränderung pfennigweise auf die Zeitachse verteilt).

Aus der Differentialgleichung (1.19) folgt für das diskrete Modell

$$K_n - K_{n-1} = K_{n-1} i + g_n, \qquad (1.21)$$

wobei g_n ein Zu- oder Abgang zum Kapitalbestand zum Zeitpunkt n ist. Dies entspricht ganz und gar der Herleitung von (1.12). (1.21) ist eine lineare Differenzengleichung 1.Ordnung, die als Rekursionsformel folgendes Aussehen annimmt:

$$K_n = q K_{n-1} + g_n \; .$$

Mit K_0 als Anfangskapital folgt als Lösung der Differenzengleichung

$$K_n = q^n K_0 + \sum_{k=1}^{n} q^{n-k} g_k \; ; \qquad (1.22)$$

dies ist der Spezialfall von (1.20) für ganzzahlige Zeitpunkte für die Zu- und Abgänge. Diese letzte Überlegung ist bereits eine gute Vorbereitung auf die spätere Rentenrechnung und die Versicherungsmathematik. Im Ergebnis wird das Äquivalenzprinzip sehr gut deutlich.

1.3.4 Vorschüssige und nachschüssige Zinsen

Nicht immer werden die Zinsen am Ende einer Zinsperiode erhoben bzw. fallen an. Hauptsächlich beim Handel mit Wechseln und bei kurzläufigen Krediten werden

vorschüssige Zinsen angewendet, aber auch in der im Kapital 2 behandelten Rentenrechnung sind Vorgänge mit vorschüssigen Zinszahlungen bzw. Zinsverrechnungen
wichtig.

Definition 1.12:   *Zinsen, die am Ende einer Zinsperiode anfallen, heißen*
nachschüssig; *Zinsen, die am Anfang einer Zinsperiode anfallen, heißen* ***vor-***
schüssig.

Im Gegensatz zur einfachen Zinsrechnung, in der die Zinsen zum Kapital addiert
werden, sind bei den vorschüssigen Zinsen diese vom Endkapital zu subtrahieren.
Meist führt das zu einem verminderten Auszahlungsbetrag, etwa für ein Jahr:

$$K_0 = K_1 - z = K_1 - K_1 \cdot \frac{p}{100} = K_1 v$$

bzw. für einen kürzeren Zeitabschnitt t (siehe auch (1.11))

$$K_0 = K_t - K_t \cdot \frac{p}{100} \frac{t}{360}. \tag{1.23}$$

Beispiel 1.29: Ein Schuldner möchte für 5 Monate einen Kredit in Höhe von 15.000 DM erhalten.
Ihm wird ein Jahreszinssatz von 13% angeboten. Welcher Betrag wird ausgezahlt?
Ergebnis: Von der Kreditsumme werden 812,50 DM abgezogen; die Auszahlungssumme beträgt
14.187,50 DM.

In der Zinseszinsrechnung erhält man

$$K_0 = K_1(1 - \frac{p}{100}), \qquad K_1 = K_0 \frac{1}{1 - \frac{p}{100}} \quad \Rightarrow \quad K_n = K_0 \frac{1}{(1 - \frac{p}{100})^n}. \tag{1.24}$$

Es bleibt festzustellen, daß

$$\frac{1}{1 - \frac{p}{100}} > 1 + \frac{p}{100} \qquad \text{für } 0 < p < 100$$

und damit gilt, daß vorschüssige Zinsen beim gleichen Zinssatz für den Zinsschuld-
ner stets ungünstiger sind als nachschüssige Zinsen.

Beispiel 1.30: Wie groß ist der effektive Zinssatz bei Diskontierung gemäß Beispiel 1.29?
Ergebnis: Aus Beispiel 1.29 folgt: für 14.187,50 DM zahlt der Schuldner 812,50 DM Zinsen in 5
Monaten. Das entspricht nach einfacher Zinsrechnung einem effektiven Jahreszinssatz von
13,74%, und das ist natürlich ungünstiger als der offiziell geäußerte Zinssatz von 13%.

Beispiel 1.31: Eine Bank zahlt ein Baudarlehen aus mit einem vorschüssigen Zinssatz von 8,5%, welches nach 10 Jahren mit 150.000 DM zu tilgen ist. Wie groß ist der Auszahlungsbetrag und wie wäre er bei nachschüssigen Zinsen?
Ergebnis: Vorschüssig 61.702,40 DM, nachschüssig 66.342,83 DM. Die Differenz ist schon überraschend groß!

2   Renten und Tilgungen

2.1   Konstante regelmäßige Zahlungen

2.1.1   Rentenrechnung

Die Rentenrechnung ist ein zentrales Gebiet der Finanzmathematik. Ihr Gegenstand ist die Zusammenfassung von Zahlungen zu unterschiedlichen Zeitpunkten.

Definition 2.1: *Eine **Rente** ist eine Folge von konstanten oder nach einem festgelegten Gesetz sich verändernden Zahlungen in festen Zeitabständen.*

Eine Rente ist also nicht nur eine Zahlung an Senioren und in diesem Sinne ein sehr gebräuchlicher Begriff. Der Begriff Rente ist, wie in der Definition 2.1, allgemeiner zu fassen.

Es gibt vorschüssige und nachschüssige Rentenzahlungen, je nach dem Zeit-Bezugsintervall, und schließlich Zahlungen in kürzerer Folge, z.B. unterjährlich. In jedem Falle geht es darum, die anfallenden Zinsen in das mit den Rentenzahlungen anfallende Gesamtkapital einzubeziehen. Es sind zwei Grundmodelle festzuhalten:

1. Die Zahlungen gehen auf ein Konto mit Zinseszins.

2. Die Zahlungen erfolgen aus einem Konto mit Zinseszins.

In der Rentenrechnung werden diese beiden Grundmodelle mathematisch untersetzt. Wegen der Mehrfachzahlungen ist die Anwendung des Äquivalenzprinzips der Finanzmathematik vorteilhaft; feste Zeitabstände und konstante Zahlungen sind dabei besonders erleichternd.

2.1.2 Tilgungsrechnung

Die Tilgungsrechnung ist ein Sonderfall der Rentenrechnung. Ihr Gegenstand ist der Bewegung eines Guthabens oder einer Schuld durch Tilgungsbeträge und Zinsen.

Definition 2.2:   *Tilgungen sind Rückzahlungen einer (durch anfallenden Schuldzins wachsenden) Schuld zu vereinbarten Terminen und in vereinbarter Höhe.*

Rückzahlungen einer Schuld beziehen sich auf Darlehen, Hypotheken, Kredite. Renten und Tilgungen sind finanzmathematisch ziemlich gleichartig zu behandeln; lediglich einige praktische Besonderheiten unterscheiden beide Vorgänge. Insofern könnten Tilgungen als Spezialfälle von Renten betrachtet werden. Grundmodell ist auch hier das Äquivalenzprinzip. In der Tilgungsrechnung werden die Besonderheiten mathematisch modelliert.

2.1.3 Konstante Zahlungen

Mit folgenden Größen wird in der Rentenrechnung gerechnet:

Z, Z_k	*konstanter* bzw. *variabler regelmäßiger Zahlungsbetrag; Rente* (ggf. auch *Rate* genannt)
n	*Anzahl der Zahlungen*, pro Zinsperiode eine Zahlung
p, q	*Zinssatz* bzw. *Aufzinsungsfaktor* p.a.
R_0, R_n	*nachschüssiger Rentenbarwert* bzw. *Rentenendwert*
R_0', R_n'	*vorschüssiger Rentenbarwert* bzw. *Rentenendwert*

Dann ergibt sich für eine nachschüssige Rente gemäß Äquivalenzprinzip:

$$R_n = Zq^{n-1} + Zq^{n-2} + \ldots + Zq + Z = Z(1 + q + q^2 + \ldots + q^{n-1})$$

$$= Z\frac{q^n - 1}{q - 1} = Zs_n \tag{2.1}$$

$$R_0 = \frac{R_n}{q^n} = \frac{Zs_n}{q^n} = Zb_n. \tag{2.2}$$

Entsprechend gilt für eine vorschüssige Rente:

$$R'_n = Zq^n + Zq^{n-1} + \ldots + Zq^2 + Zq = Z(q + q^2 + \ldots + q^{n-1} + q^n)$$

$$= Zq\frac{q^n - 1}{q - 1} = Zs'_n \tag{2.3}$$

$$R'_0 = \frac{R'_n}{q^n} = \frac{Zs'_n}{q^n} = Zb'_n \ . \tag{2.4}$$

Die oben benutzten Größen s_n, b_n, s'_n, b'_n als zentrale Rechengrößen in der Finanz- und Versicherungsmathematik werden nochmals herausgestellt. Auf Auflistungen dieser Größen in Tabellen wird in diesem Buch verzichtet, ihre Ermittlung mit einem Taschenrechner ist schnell möglich (oder es wird in den einschlägigen Tabellen nachgesehen).

Definition 2.3:

nachschüssiger Rentenendwertfaktor:
$$s_n = \frac{q^n - 1}{q - 1} = 1 + q + \ldots + q^{n-1}$$

nachschüssiger Rentenbarwertfaktor:
$$b_n = \frac{1}{q^n}\frac{q^n - 1}{q - 1} = \frac{1}{q} + \frac{1}{q^2} + \ldots + \frac{1}{q^n}$$
$$= v + v^2 + \ldots + v^n$$

vorschüssiger Rentenendwertfaktor:
$$s'_n = q\frac{q^n - 1}{q - 1} = q + q^2 + \ldots + q^n$$

vorschüssiger Rentenbarwertfaktor:
$$b'_n = \frac{1}{q^{n-1}}\frac{q^n - 1}{q - 1} = 1 + \frac{1}{q} + \ldots + \frac{1}{q^{n-1}}$$
$$= 1 + v + \ldots + v^{n-1}$$

(Die Bezeichnungen $a_{\overline{n}|}, \ddot{a}_{\overline{n}|}$ sowie $\ddot{s}_{\overline{n}|}$ für b_n, b'_n sowie s'_n werden hier nicht verwendet.)

Diese Rentenendwert- und Rentenbarwertfaktoren sind als Endwert bzw. Barwert für ein Kapital der Größe 1 zu verstehen. Als Multiplikatoren für die Einzelzahlungen genommen, ergeben sie die jeweiligen Bar- bzw. Endwerte. In vielen Büchern zur Finanzmathematik sind sie (oder einige von ihnen) nach n und q (bzw. p) tabelliert. Aus der Definition 2.3 folgt

$$s_n = s'_{n-1} + 1 \qquad\qquad \text{bzw.} \qquad\qquad b'_n = b_{n-1} - 1.$$

Mithin gibt es folgende Möglichkeiten (Grundaufgaben der Rentenrechnung) für die gesuchten Größen:

- Rentenbarwert oder Rentenendwert
- Rente, Rate, Teilzahlung
- Zinssatz
- Laufzeit.

Der Aufwand bei der numerischen Rechnung ist jeweils unterschiedlich; am schwierigsten könnten die Berechnung des Zinssatzes bzw. der Laufzeit sein.

Beispiel 2.1: Beim Kauf eines Einfamilienhauses wird mit dem Verkäufer vereinbart, daß 20 Jahre lang jeweils am Jahresende (nachschüssig) eine Rente von 24.000 DM gezahlt wird. Welchem Barwert bzw. Endwert entspricht diese Zahlungsform, wenn ein Zinssatz von 7% angenommen wird?
Ergebnis: Barwert 254.256,25 DM; Endwert 983.891,61 DM. Rentenendwertfaktor s_n = 40,9955; Rentenbarwertfaktor b_n = 10,5940.

Beispiel 2.2: Die Eltern legen für ihre Tochter von Geburt an eine Heiratskasse an. Beginnend mit dem Tag der Geburt werden jährlich zum Geburtstag 1.000 DM auf ein Konto gezahlt. Die Zahlungen sollen am Geburtstag zur Vollendung des 18.Lebensjahres (einschließlich) enden. (Der Einfachheit halber nehmen wir an, daß die Zinszahlungen stets zu den Geburtstagen erfolgen.) Welcher (durchschnittliche effektive) Zinssatz ist erzielt worden, wenn am Ende 48.221,19 DM zur Verfügung stehen?
Ergebnis: Nachschüssiger Rentenendwert 48.221,19 DM; 19 Raten zu 1000 DM.
$1000q^{19} + 1000\,q^{18} + ... + 1000q + 1000 = 48221,19$; Zinssatz 9,44%.

Beispiel 2.3: Wie lange müßten die Eltern weiterzahlen, bis am Ende 100.000 DM zur Verfügung stehen?
Ergebnis: 25 Jahre, ebendieser Zinssatz vorausgesetzt: 100.013,90 DM.

Beispiel 2.4: Auf welchen Endwert wachsen 10 Raten von 1.000 DM, die zu Beginn eines Jahres zu zahlen sind, bei einem Zinssatz von 7%?
Ergebnis: Mit Beginn des Jahres ist vorschüssig gemeint; aus Definition 2.3 folgt 14.783,60 DM.

Beispiel 2.5: Eine Familie spart für die Tochter jährlich 3.000 DM an. Die Einzahlung erfolgt jeweils zu Jahresbeginn (1.1.1990). Mit der Bank wird ein langfristiger Zinssatz von 7% vereinbart. Wann wird die Grenze von insgesamt 100.000 DM erreicht?
Ergebnis: Am 1.1.2008 erreicht der Kapitalbetrag den Wert von 98.997,10 DM. Mit der Restzahlung von 1.002,90 DM wird die genannte Grenze erreicht.

Wir betrachten jetzt ein differentielles Problem für die Rentenendwert- bzw. Rentenbarwertfaktoren. Wie ändert sich der nachschüssige Rentenendwertfaktor s_n, wenn sich der Zinssatz p um ε vergrößert? Aus der Reihenentwicklung für $(1+x)^n$ folgt

$$s_n(p+\varepsilon) = s_n(p) + \frac{1}{100} \cdot \binom{n}{2} \varepsilon .$$

Ähnliche Ergebnisse fallen für die anderen Faktoren an.

2.1.4 Ewige Rente und zeitlich begrenzte Rente

Möglicherweise ist ein Kapitalbetrag K_0 so groß, daß aus ihm beliebig lang eine Rente gezahlt werden kann. In diesem Falle ist also der Zinsbetrag größer oder gleich dem Rentenbetrag, jeweils bezogen auf den gleichen Zeitabschnitt, etwa ein Jahr:

$$Z \le K_0 \frac{p}{100} .$$

Eine solche Rente heißt *ewig*. Andernfalls, nämlich wenn der Rentenbetrag größer ist als der jeweils anfallende Zinsbetrag, braucht sich das Kapital auf, und die Rentenzahlungen müssen ab einem bestimmten Zeitpunkt eingestellt werden. Eine solche Rente heißt *zeitlich begrenzt*. Im Prinzip ist gerade diese Problemstellung auch eine Aufgabe der Tilgungsrechnung, die später behandelt wird.

Das Anfangsguthaben K_0 wird durch Rentenabzug und Zinszuwachs wie folgt, entsprechend dem Äquivalenzprinzip, verändert:

$$\begin{aligned}
K_1 &= K_0 q - Z \\
K_2 &= K_1 q - Z = (K_0 q - Z)q - Z = K_0 q^2 - Zq - Z \quad \ldots \\
K_n &= \ldots = K_0 q^n - Z(1 + q + \ldots + q^{n-1}) = K_0 q^n - Z s_n
\end{aligned} \tag{2.5}$$

Das Ende der Rentenzahlungen wird durch $K_n = 0$ angezeigt, d.h., es ist die Gleichung

$$K_0 q^n = Z s_n \tag{2.6}$$

zu lösen, nach welcher Unbekannten auch immer.

Beispiel 2.6: Ein Bürger verfügt über ein Guthaben von 195.000 DM. Welche jährliche Rentenzahlung könnte er bei einem Zinssatz von 6% p.a. bei ewiger Rente bekommen? Wieviel Jahre würde das Guthaben reichen, wenn er die doppelte Rente bekäme?
Ergebnis: Ewige Rente jährlich 11.700 DM; bei einem Rentenbezug von 23.400 DM jährlich würde das Guthaben in 11 Jahreszahlungen soweit abgebaut, so daß die 12.Zahlung kleiner als 23.400 DM ausfällt (19.831,89 DM). Die nach n aufzulösende Gleichung lautet hier

$$195000 \cdot 1.06^n - 23400 \frac{1.06^n - 1}{1.06 - 1} = 0 \, .$$

2.2 Fortschreitende Rentenzahlungen

Jetzt wird davon abgewichen, daß die Rentenzahlungen über die Zeit konstant bleiben; sie sollen sich gemäß eines (mathematisch faßbaren) Gesetzes verändern. Derartige sich verändernde Rentenzahlungen heißen *fortschreitend*. Dabei stehen natürlich einfache Gesetze im Vordergrund, wie auch im Eingangsabschnitt beschrieben: arithmetische (konstante absolute Zuwächse) oder geometrische (konstante prozentuale Zuwächse) Gesetze. Andere Gesetze kommen kaum zur Anwendung; im Bedarfsfalle ist dann die Summe summandenweise zu bearbeiten.

2.2.1 Arithmetische Zuwächse

Das arithmetische Fortschreiten der Rentenzahlungen verträgt sich nicht gut mit der geometrischen Veränderung des Kapitalbestandes durch den Zinseszins. Daraus ergeben sich leider keine allzu günstigen Formeln. Wir betrachten den Vorgang nachschüssig. Die Rentenbeträge seien

$$Z_k = Z + (k-1) \cdot d,$$

wobei Z der Anfangsbetrag der Rente und d der konstante absolute Zuwachs pro Schritt sei. Mit Hilfe des Äquivalenzprinzips lautet der Rentenendwert

$$R_n = Zq^{n-1} + (Z+d)q^{n-2} + (Z+2d)q^{n-3} + \ldots + (Z+(n-1)d) \, .$$

Über die von den Taylorreihen bekannte Beziehung

$$\sum_{k=0}^{n-2} (k+1)x^k = \frac{nx^{n-1}}{x-1} - \frac{x^n - 1}{(x-1)^2}$$

ergibt sich

$$R_n = Zs_n + \frac{d}{q-1} \cdot (s_n - n) \, ,$$

woraus auch gleich der Zuwachs ersichtlich wird, der sich wegen der Rentenerhöhung insgesamt im Rentenendwert niederschlägt. Der nachschüssige Rentenbarwert ergibt sich sofort aus

$$R_n = R_0 q^n \, .$$

Beispiel 2.7: Der Veräußerer einer Immobilie verlangt, beginnend im Jahre 1995 mit einer Jahreszahlung von 40.000 DM, bis zum Jahre 2006 einen jährlichen Zuwachs der Zahlung um 3.000 DM. Berechnen Sie den heutigen (1996) Gesamtwert der Rente bei einem Zinssatz von 7%!
Ergebnis: $Z = 40000$, $d = 3000$, $q = 1.07$, $n = 12$ (Zeitrechnung beginnt 1994, dann nachschüssig); Rentenendwert: ohne fortschreitende Erhöhung 715.537,92 DM; mit fortschreitender Erhöhung: 967.899,97 DM. Heutiger Rentenwert (10 Jahre vom Endwert zurück): 492.031,30 DM.

2.2.2   Geometrische Zuwächse

Diese Form der „Dynamisierung" ist wohl die geläufigste: in Abständen wird der Rentenbetrag prozentual erhöht. Wir grenzen ein auf den Sonderfall: jährliche Erhöhung mit dem gleichen prozentualen Zuwachs:

$$Z_k = Zw^k,$$

wobei Z der Anfangsrentenbetrag und w der Wachstumsfaktor des Rentenbetrags ist ($(w-1)\cdot 100$ ist der jeweilige Prozentsatz des Wachstums). Für den nachschüssigen Rentenendwert erhält man mit Hilfe des Äquivalenzprinzips

$$R_n = Zq^{n-1} + Zwq^{n-2} + Zw^2 q^{n-3} + \ldots + Zw^{n-1}$$

$$= Z \cdot q^{n-1} (1 + \frac{w}{q} + \frac{w^2}{q^2} + \ldots + \frac{w^{n-1}}{q^{n-1}}) = Zq^{n-1} \cdot \frac{\left(\frac{w}{q}\right)^n - 1}{\frac{w}{q} - 1} = Zq^{n-1} s_n (\frac{w}{q}).$$

Für $w = q$ hebt der Zinseszins gerade den „Inflationszuwachs" auf; in diesem Falle ist $s_n = n$.

Beispiel 2.8: Ein Ratensparer legt zu Beginn 1.000 DM an, und weil seine Einkünfte jährlich um 3% steigen, läßt er auch seine Sparbeträge um 3% jährlich steigen. Mit der Bank hat er dieses Ratensparen auf 15 Jahre mit einem Zinssatz von 6% (nachschüssig) vereinbart. Über welchen Sparbetrag verfügt er am Ende ohne bzw. mit Zuwachs?
Ergebnis: Ohne Zuwachs ($w = 1$): 23.275,97 DM; mit Zuwachs ($w = 1.03$) 27.953,08 DM.

Beispiel 2.9: Wieviel prozentualer Zuwachs wäre jährlich nötig, ausgehend vom vorigen Beispiel, um am Ende auf 30.000 DM zu kommen?
Ergebnis: Zunächst ermittle man w/q, dann w: 4,11%.

2.2.3 Allgemeines Modell

Wenn man davon absieht, daß die Zahlungsbeträge nach einem festgelegten Gesetz und zu äquidistanten Zeitpunkten erfolgen, dann ergibt sich mit Hilfe des Äquivalenzprinzips und der Nutzung einer stetigen Verzinsung folgendes allgemeines Modell:

$$B = \sum_{k=1}^{n} r_k \cdot e^{-\delta t_k}$$

ist der Barwert einer Zahlungsfolge mit den Beträgen r_k zu den Zeitpunkten t_k. Das Äquivalenzprinzip, hier die Diskontierung, drückt sich im Exponentialfaktor aus. Für ganzzahlige t und konstante r erhält man natürlich die „klassische" Rentenrechnung.

Beispiel 2.10: Beim Kauf eines Wertpapiers wird ein Preis von 110.000 DM festgelegt. Es wird vereinbart, daß nach 1, 2 bzw. 3 Jahren die Beträge 30.000 DM, 40.000 DM sowie 50.000 DM in dieser Abfolge zur Auszahlung kommen. Welche Zinsintensität δ ist damit vereinbart? Welcher effektive nachschüssige Jahreszinssatz ist damit verbunden?
Variieren Sie die Aufgabe, indem Sie nichtganzzahlige Zeitpunkte verwenden!
Ergebnis: $\delta = 0.040401$, $p = 4.1228\%$.

Zur Bewältigung dieses Beispiels sind geeignete numerische Verfahren zur Lösung nichtlinearer Gleichungen zu verwenden, so z.B. die elementare Intervallschachtelung oder die Newtonsche Methode.

2.3 Unterjährliche Rentenzahlungen

Unterjährliche Rentenzahlungen treten dann auf, wenn innerhalb einer Zinsperiode (bisher wurde meist von einem Jahr gesprochen) mehrere Aus- oder Einzahlungen getätigt werden. Innerhalb der Zinsperiode soll einfacher Zins berechnet werden. Wir beginnen mit folgenden Beispiel: Zinsperiode 1 Jahr; Einzahlung Z monatlich mit Verzinsung ab Monatsende (d.h. nachschüssig). Dann erhält man für die einzelnen Monate am Jahresende und insgesamt:

$$Z \cdot \frac{11}{12} \cdot \frac{p}{100} + Z \cdot \frac{10}{12} \cdot \frac{p}{100} + ... + Z \cdot \frac{1}{12} \cdot \frac{p}{100} + Z \cdot \frac{0}{12} \cdot \frac{p}{100} = Z \cdot \frac{p}{100} \cdot \frac{66}{12}$$

$$Z^* = 12Z + 5{,}5 \cdot Z \cdot \frac{p}{100},$$

wobei Z^* das Gesamtguthaben am Jahresende einschließlich der „Stückzinsen" aus den einzelnen Monaten ist. Dieses Guthaben wird dann in den nächsten Jahren voll verzinst.

Für m regelmäßige Zahlungen Z in der Zinsperiode mit nachschüssiger Verzinsung ergibt sich allgemein

$$Z^* = Z\left(m + \frac{(m-1)p}{200}\right);$$
(2.7)

bei einer vorschüssigen Verzinsung ergibt sich

$$Z^* = Z\left(m + \frac{(m+1)p}{200}\right).$$
(2.8)

Beispiel 2.11: Ein Supermarkt bietet über ein „Finanzierungsschnäppchen" einen Computer zum Preis von 1.999,00 DM an: über die Laufzeit von 3 Jahren, zahlbar jeweils zum 30. eines Monats, ist eine Ratenzahlung von 64,90 DM fällig. Welcher effektive Jahreszins liegt dieser Finanzierung zugrunde?
Ergebnis: Nachschüssiges Modell (2.7): $Z^*q^2 + Z^*q + Z^* = 1999q^3$ mit
$Z^* = 64{,}90 \cdot (12+11p/200)$; hieraus folgt eine Polynomgleichung 4.Grades in q bzw. p; eine Näherungsrechnung liefert $p = 11{,}00\%$.

Beispiel 2.12:   Wie groß müßte die monatliche Rate bei einem Zinssatz p.a. von 9,9% sein?
Ergebnis: Gleiches Modell (2.7) wie oben: 63,97 DM (ohne Zinszwang wären monatlich 55,53 DM zu zahlen).

Beispiel 2.13: Welche (nachschüssig am Jahresende zu verzinsende) Jahresrate gemäß Beispiel 10 wäre hier der Größe Z^* analog (hierfür ist auch der Begriff konform gebräuchlich)?
Ergebnis: $Z^* = 818{,}06$ DM; das entspräche einer Monatsrate von 68,17 DM. Sie ist größer als 64,90, weil sie stets erst am Jahresende eine Zinsgutschrift erhielte.

Beispiel 2.14: Aus einem Kapital von 800.000 DM, welches jährlich mit 6% verzinst wird, wird eine monatliche Rente von 5.000 DM nachschüssig gezahlt. Nach 10 Jahren wird die Rente auf 6000 DM erhöht. Wieviel steht nach 10 Jahren noch zur Verfügung? Wie lange reicht das Kapital?
Ergebnis: $K_0 = 800000$; mit $Z = 5000$ ist $Z^* = 61650$ (wegen (2.7)); daraus folgt
$K_{10} = K_0 \cdot 1.06^{10} - Z^*(1.06^{10} - 1)/(1.06 - 1)$; am Ende des 10. Jahres stehen noch 620.082,32 DM zur Verfügung. Danach wird mit $Z = 6000$ die Jahreszahlung $Z^* = 73980$; nach weiteren 11 Jahren stehen noch zur Verfügung 69.499,25 DM; diese werden durch die monatlichen Zahlungen im Dezember des folgenden Jahres aufgebraucht.

Wir bleiben bei diesem wichtigen Fall. Denkbar sind noch jährliche und unterjährliche Rentenzahlungen bei unterjährlichen Verzinsungen. Den Formelapparat kann sich der Nutzer mit Hilfe der bisher entwickelten Formeln selbst herleiten und erklären.

Beispiel 2.15: Beim Kauf eines Gebraucht-PKW wird vereinbart: Kaufpreis 22.990 DM, Anzahlung 25%, Schuld wird vierteljährlich verzinst beim Jahreszinssatz 5%, 3 Jahre lang Monatsraten vorschüssig. Wie groß sind die Ratenzahlungen?
Ergebnis: Anzahlung 5.747,50 DM;   Schuld 17.242,50 DM; Quartalszins 1,25%; es sei Z die unbekannte Monatsrate, dann ergibt sich die Quartalsrate $Z^* = 3,025\,Z$; diese Quartalsrate wird 12 Quartale gezahlt; daraus folgt als Endwert (hier nachschüssig) aller Zahlungen mit $q = 1,0125$ (Aufzinsungsfaktor im Quartal) $R_{12} = (q^{12} - 1)/(q - 1) \cdot Z^*$; das sind insgesamt $R_{12} = 38,902468 \cdot Z^*$. Gleichzeitig wird aber auch die Schuld $S = 17242,5$ quartalsweise verzinst; dieser Endwert ist dann $17242,5 \cdot 1,0125^{12} = 20014,3$; Gleichsetzen der Endwerte ergibt die Monatsrate $Z = 514,47$ DM.

Beispiel 2.16: Wie groß ist der Barwert einer Rente am 17.2.1994, wenn (verzögert, aufgeschoben) ab 31.12.1999 bis 31.12.2010 (nachschüssig) jährliche Rentenzahlungen von 25.000 DM erfolgen? Der vereinbarte Zinssatz p.a. sei 7,5%.
Ergebnis: Zunächst wird der Barwert für Anfang 1999 berechnet: 193.381,93 DM. Umrechnung auf Jahresanfang 1994 ergibt: 134.701,83 DM; am 17.2. mit einfachem Zins: 136.020,78 DM.

Bisher wurde angenommen, daß innerhalb der Zinsperiode (1 Jahr) einfacher Zins berechnet wird. So ergaben sich auch die Formeln (2.7) und (2.8). Wir betrachten jetzt ein anderes Modell (unabhängig davon, ob diese Betrachtung praktisch realisiert wird oder nicht) und nehmen dabei an, daß innerhalb der Zinsperiode auch Zinseszins berechnet wird, etwa so: aus dem Aufzinsungsfaktor q für die gesamte Zinsperiode wird der Aufzinsungsfaktor $q^{\frac{1}{m}}$ für die Unterteilung in m unterjährliche Zahlungen; das gleiche gilt auch für den Abzinsungsfaktor v. Dann gilt für den nachschüssigen Rentenendwertfaktor

$$s_n = 1 + q + q^2 + \ldots + q^{n-1}$$

$$s_n^{(m)} = \sum_{l=0}^{n-1} \frac{1}{m} \cdot \left(q^l + q^{l+\frac{1}{m}} + q^{l+\frac{2}{m}} + \ldots + q^{l+\frac{m-1}{m}}\right)$$

$$= \frac{1}{m} \cdot \sum_{l=0}^{n-1} q^l \left(1 + q^{\frac{1}{m}} + \ldots + q^{\frac{m-1}{m}}\right)$$

$$= \frac{1}{m} \cdot \frac{q-1}{q^{\frac{1}{m}} - 1} \cdot s_n \, .$$

Wie groß ist der Unterschied zwischen s_n und $s_n^{(m)}$ für die möglichen Unterteilungen $k = 1,2,4,6,12,360,\ldots$ und gängige Zinssätze? Zum Faktor

$$\frac{1}{m} \cdot \frac{q-1}{q^{\frac{1}{m}} - 1} \tag{2.9}$$

gibt die nachfolgende Tabelle einige Informationen. Für den Übergang zur stetigen Verzinsung ($m \to \infty$) gilt:

$$\lim_{m \to \infty} \frac{1}{m} \cdot \frac{q-1}{q^{\frac{1}{m}}-1} = \frac{q-1}{\ln q}.$$

Für $m = 1$ gilt $s_n^{(1)} = s_n$.

Tabelle zum Faktor (2.9):

Zinssatz (in %)	$m=2$	$m=4$	$m=12$	$m=\infty$
4	1.009902	1.014877	1.018204	1.019869
5	1.012348	1.018559	1.022715	1.024797
6	1.014782	1.022227	1.027211	1.029709
7	1.017204	1.025880	1.031691	1.034605
8	1.019615	1.029519	1.036157	1.039487

2.4 Tilgungsrechnung

Eigentlich kann die Tilgungsrechnung, siehe Definition 2.1, voll in die Rentenrechnung eingebettet werden; lediglich der besondere Anwendungsbezug und die Art und Weise der Ratengestaltung stellt die Tilgungsrechnung häufig neben die Rentenrechnung. Wir behandeln kurz die beiden häufigsten Formen von Tilgungsvorgängen: die Ratentilgung und die Annuitätentilgung. Folgende Bezeichnungen werden verwendet, zunächst für den einfachen Fall, daß Zinsperiode und Abstände der Tilgungszahlungen übereinstimmen:

S_0	Anfangsschuld
S_k	Schuld am Ende der k-ten Zinsperiode
T_k	Tilgungsrate in der k-ten Zinsperiode
z_k	Zinsbetrag in der k-ten Zinsperiode
$A_k = T_k + z_k$	Annuität (Gesamtzahlung) in der k-ten Zinsperiode.

2.4.1 Ratentilgung

Definition 2.4: *Es liegt die **Ratentilgung** vor, wenn die Tilgungsbeträge T_k konstant sind.*

Mithin ist $T_k = T = \text{const}$ und

$$S_k = S_0 - kT\,; \tag{2.10}$$

das ist eine fallende arithmetische Folge. Wenn

$$T = \frac{S_0}{n}\,, \tag{2.11}$$

dann ist die Schuld nach n Perioden abgebaut. Die jeweiligen Zinsbeträge ergeben sich zu

$$z_k = S_{k-1} \cdot \frac{p}{100}\,;$$

das ist dann ebenfalls eine fallende arithmetische Folge. Für die Annuitäten gilt

$$A_k = T + z_k = \frac{S_0}{n} + \left[S_0 - (k-1)\frac{S_0}{n} \right]\frac{p}{100} = \frac{S_0}{n}\left[1 + (n-k+1)\frac{p}{100} \right]. \tag{2.12}$$

Typisch für Tilgungsvorgänge ist die Aufstellung eines Tilgungsplanes - eine Tabelle, aus der die jeweilige Schuld, die Tilgungsbeträge, die Zinsbeträge (und damit die Annuitäten) hervorgehen.

Beispiel 2.17:   Ein Darlehen in Höhe von 150.000 DM soll in Jahresraten zu 15.000 DM zuzüglich 9% Zinsen getilgt werden. Es ist ein Tilgungsplan anzugeben.
Ergebnis:

Jahr	Schuld zu Jahresbeginn	Tilgungs- betrag	Zinsbetrag	Annuität	Restschuld am Jahresende
1	150.000,00	15.000,00	13.500,00	28.500,00	135.000,00
2	135.000,00	15.000,00	12.150,00	27.150,00	120.000,00
3	120.000,00	15.000,00	10.800,00	25.800,00	105.000,00
4	105.000,00	15.000,00	9.450,00	24.450,00	90.000,00
5	90.000,00	15.000,00	8.100,00	23.100,00	75.000,00
6	75.000,00	15.000,00	6.750,00	21.750,00	60.000,00
7	60.000,00	15.000,00	5.400,00	20.400,00	45.000,00
8	45.000,00	15.000,00	4.050,00	19.050,00	30.000,00
9	30.000,00	15.000,00	2.700,00	17.700,00	15.000,00
10	15.000,00	15.000,00	1.350,00	16.350,00	0,00

Zum Zwecke des Vergleichs mit anderen Tilgungsangeboten könnte die Gesamtbelastung des Schuldners über die Jahre hinweg durch einen Barwert (oder eine andere durch Zeitverschiebung entstandene Größe, z.B. der Endwert) unter Zugrundelegung eines bestimmten Zinssatzes, der sich vom Schuldzins normalerweise unterscheidet, dargestellt werden. Sparzinsen sind in der Regel kleiner als Schuldzinsen.

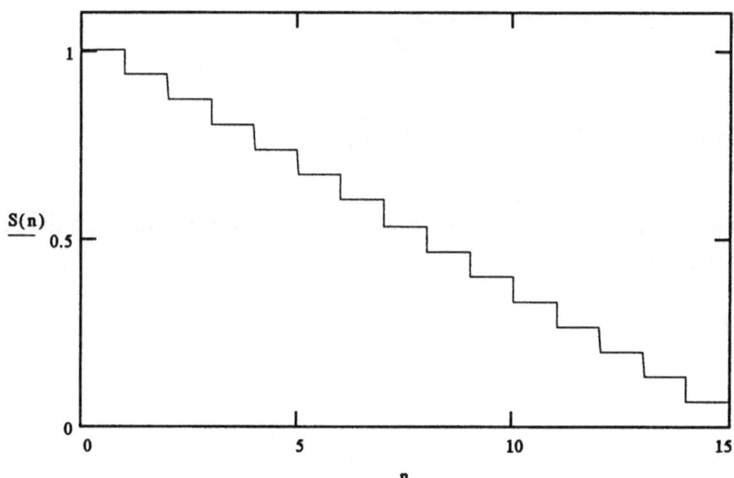

Bild 2.1: Restschuld bei Ratentilgung

Beispiel 2.18: Vergleichen Sie die Anfangsschuld in Beispiel 2.17 mit einem Barwert der Schuldnerbelastung auf der Grundlage eines Zinssatzes von 6%!
Ergebnis: Wir diskontieren alle an den Jahresenden fälligen Annuitäten auf den Beginn des ersten Jahres; mit Hilfe der Ergebnisse bei den fortschreitenden arithmetischen Rentenzahlungen erhalten wir

$$28500v + 27150v^2 + \ldots + 16350v^{10} \quad \text{mit } v = 1/q = 1/1{,}06;$$

der Barwert beträgt 169.799,32 DM.

2.4.2 Annuitätentilgung

> **Definition 2.5:** *Eine Annuitätentilgung liegt vor, wenn die Summen der Zins- und Tilgungsbeträge, die Annuitäten, konstant sind.*

Also gilt $A_k = A = $ const. Eine fortlaufende Betrachtung der Annuitäten in den einzelnen Jahren führt zu

$$A = T_1 + z_1 = T_1 + S_0 \cdot \frac{p}{100}$$

$$A = T_2 + z_2 = T_2 + (S_0 - T_1) \cdot \frac{p}{100}$$

$$A = T_3 + z_3 = T_3 + (S_0 - T_1 - T_2) \cdot \frac{p}{100} \qquad (2.13)$$

$$\ldots$$

$$A = T_n + z_n = T_n + (S_0 - T_1 - \ldots - T_{n-1}) \cdot \frac{p}{100}.$$

Durch Gleichsetzen der ersten mit der zweiten, der zweiten mit der dritten Gleichung usw. erhält man

$$T_{k+1} = T_k q$$

und damit

$$T_k = T_1 q^{k-1}. \qquad (2.14)$$

Für die Restschuld nach k Jahren gilt wegen (2.14)

$$S_k = S_0 - T_1 - T_2 - \ldots - T_k = S_0 - T_1(1 + q + \ldots + q^{k-1}) = S_0 - T_1 \frac{q^k - 1}{q - 1};$$

da aber wegen der ersten Gleichung in (2.13) gilt

$$T_1 = A - S_0 \frac{p}{100},$$

finden wir schließlich

$$S_k = S_0 q^k - A \cdot \frac{q^k - 1}{q - 1}. \qquad (2.15)$$

Die Berechnung der Tilgungszeit, ganzzahliges n angenommen, ergibt sich aus der vollständig abgebauten Restschuld $S_n = 0$.

Mit (2.15) wird daraus ein Ausdruck in drei Größen, aus dem sich eine gesuchte Größe stets bestimmen läßt:

$$S_0 q^n = A \frac{q^n - 1}{q - 1}. \qquad (2.16)$$

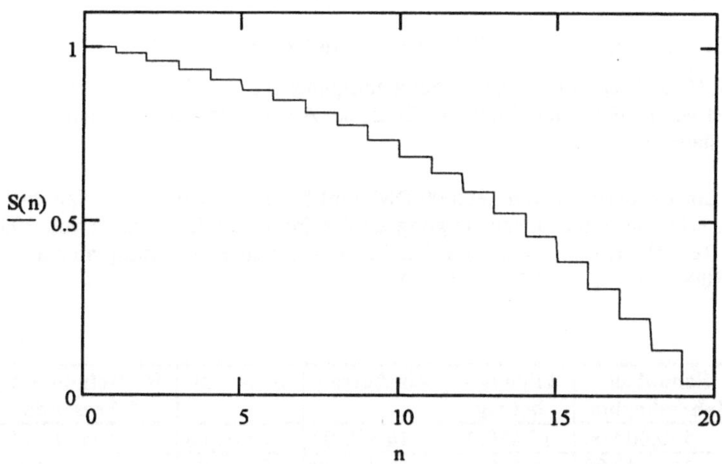

Bild 2.2: Restschuld bei Annuitätentilgung

Beispiel 2.19: Formen Sie den in Beispiel 2.17 aufgestellten Tilgungsvorgang mit gleicher Anfangsschuld, gleichem Zinssatz und gleicher Laufzeit in eine Annuitätentilgung um, und geben Sie den Tilgungsplan an!

Ergebnis: $S_0 = 150000$, $q = 1{,}09$, $n = 10$; dann wird $A = 23.373{,}01$ DM und $T_1 = 9.873{,}01$ DM.

Tilgungsplan:

Jahr	Schuld zu Jahresbeginn	Tilgungsbetrag	Zinsbetrag	Annuität	Restschuld am Jahresende
1	150.000,00	9.873,01	13.500,00	23.373,01	140.126,99
2	140.126,99	10.761,58	12.611,43	23.373,01	129.365,40
3	129.365,40	11.730,13	11.642,89	23.373,01	117.635,27
4	117.635,27	12.785,84	10.587,17	23.373,01	104.849,44
5	104.849,44	13.936,56	9.436,45	23.373,01	90.912,87
6	90.912,87	15.190,86	8.182,16	23.373,01	75.722,02
7	75.722,02	16.558,03	6.814,98	23.373,01	59.163,98
8	59.163,98	18.048,25	5.324,76	23.373,01	41.115,73
9	41.115,73	19.672,60	3.700,42	23.373,01	21.443,13
10	21.443,13	21.443,13	1.929,88	23.373,01	0,00

Beispiel 2.20: Berechnen Sie die Gesamtbelastung des Schuldners in Form des Barwertes aller Zahlungen (Annuitäten) zum Beginn des ersten Jahres mit dem Zinssatz 6%, und vergleichen Sie mit Beispiel 2.18!

Ergebnis: Da die Annuitäten konstant sind, ist die Aufgabe vergleichbar mit einer Rentenrechnung:

$$23373,01v + 23373,01v^2 + \ldots + 23373,01v^{10} \quad \text{mit } v = 1/q = 1/1,06;$$

Barwert: 172.027,34 DM. Damit ist die Annuitätentilgung aus der Sicht des Barwertes für den Schuldner ungünstiger als die Ratentilgung, dafür ist die Annuitätentilgung wegen der konstanten Zahlungsbeträge überschaubarer.

Beispiel 2.21:   Ein Baudarlehen von 180.000 DM wird für die Laufzeit von 5 Jahren mit einem Zinssatz p.a. von 8,1% ausgereicht. Die Tilgung erfolge jährlich mit Beträgen von 30.000 DM. Ermitteln Sie die Restschuld am Ende der Laufzeit! Stellen Sie einen Tilgungsplan auf!
Ergebnis: $S_0 = 180000$, $n = 5$, $p = 8,1$, $A = 30000$.
Tilgungsplan:

Jahr	Schuld zu Jahresbeginn	Tilgungs- betrag	Zinsbetrag	Annuität	Restschuld am Jahresende
1	180.000,00	15.420,00	14.580,00	30.000,00	164.580,00
2	164.580,00	16.669,02	13.330,98	30.000,00	147.910,98
3	147.910,98	18.019,21	11.980,79	30.000,00	129.891,77
4	129.891,77	19.478,77	10.521,23	30.000,00	110.413,00
5	110.413,00	21.056,55	8.943,45	30.000,00	89.356,46

Die Restschuld am Ende der Laufzeit beträgt 89.356,46 DM. Entweder durch eine Soforttilgung oder durch eine Prolongierung des Darlehens, eventuell mit einem veränderten Zinssatz, kann die Restschuld abgetragen werden.

Beispiel 2.22:   Setzen Sie den Tilgungsvorgang aus Beispiel 2.21 mit den gleichen Parametern über die 5 Jahre hinaus fort. Wie lange muß getilgt werden?
Ergebnis: Der obige Tilgungsplan wird mit dem Jahr 6 fortgesetzt:

Jahr	Schuld zu Jahresbeginn	Tilgungs- betrag	Zinsbetrag	Annuität	Restschuld am Jahresende
6	89.356,46	22.762,13	7.237,87	30.000,00	66.594,33
7	66.594,33	24.605,86	5.394,14	30.000,00	41.988,47
8	41.988,47	26.598,93	3.401,07	30.000,00	15.389,54
9	15.389,54	15.389,54	1.246.55	16.636,09	0,00

Das 9. Jahr beginnt mit einer Restschuld, die bedeutend kleiner ist als die Annuität; aus diesem Grunde können folgende Modalitäten getroffen werden: entweder die Restschuld wird durch eine Soforttilgung von 15.389,54 DM abgetragen, oder es wird, wie auch in der Tabelle angegeben, erst am Jahresende der Tilgungsprozeß beendet. Zu einer solchen Maßnahme kommt es dann, wenn die Annuität gegeben und die Laufzeit ermittelt wird; in solchem Falle ist die gesuchte Laufzeit nie ganzzahlig.

Beispiel 2.23: Ein Baudarlehen wird am 1.10.1994 über 150.000 DM zum Zinssatz von 8,1% mit einer Laufzeit von 5 Jahren ausgereicht. Die Zinsen werden quartalsweise erhoben; die Zahlungen von 2.500 DM werden monatlich fällig. Erstellen Sie einen Tilgungsplan!

Ergebnis: Die Zahlungen (sie heißen Annuitäten, obwohl hier die Zinsperiode ein Quartal ist) werden zum Quartalsende zu 7.500 DM zusammengefaßt.

Tilgungsplan (auszugsweise):

Jahr/ Quartal	Schuld zu Quartalsbeginn	Tilgungs- betrag	Zinsbetrag	Annuität	Restschuld am Quartalsende
1/1	150.000,00	4.425,00	3.075,00	7.500,00	145.575,00
1/2	145.575,00	4.515,71	2.984,29	7.500,00	141.059,29
1/3	141.059,29	4.608,28	2.891,72	7.500,00	136.451,00
1/4	136.451,00	4.702,75	2.797,25	7.500,00	131.748,25
2/1	131.748,25	4.799,16	2.700,84	7.500,00	126.949,09
....					
5/3	54.829,89	6.375,99	1.124,01	7.500,00	48.453,90
5/4	48.453,90	6.506,69	993,31	7.500,00	**41.947,21**

Die Restschuld am Ende der Laufzeit beträgt also 41.947,21 DM. Der Leser möge die Tabelle vervollständigen.

Bei Rechnung von Hand und Rundung auf Pfennige können natürlich am Ende der Tabelle Rundungsfehler wirken; sie werden insbesondere bei restloser Tilgung sichtbar, wenn die Laufzeit ganzzahlig festgesetzt wird.

2.4.3 Unterjährliche Annuitätentilgung

Anstelle der Jahresannuitäten werden Teilzahlungen in kürzeren Intervallen wirksam, so wie dies bei den Renten schon dargestellt wurde. Aus Formel (2.15) wird für eine Unterteilung des Jahres in m Abschnitte bei nachschüssiger Zinserhebung

$$S_k = S_0 q^k - A^{(m)} \cdot \left[m + \frac{m-1}{2} \frac{p}{100} \right] \cdot \frac{q^k - 1}{q - 1}, \qquad (2.17)$$

wobei $A^{(m)}$ die Annuität in der Unterteilung und

$$A = A^{(m)} \cdot \left[m + \frac{m-1}{2} \frac{p}{100} \right]$$

die Gesamtannuität im Jahr ist. Bei vorschüssiger Zinserhebung wird

$$S_k = S_0 q^k - A^{(m)} \cdot \left[m + \frac{m+1}{2} \frac{p}{100} \right] \cdot \frac{q^k - 1}{q - 1}$$

sowie

$$A = A^{(m)} \cdot \left[m + \frac{m+1}{2} \frac{p}{100} \right]$$

die Gesamtannuität im Jahr.

Beispiel 2.24: Für ein Bauspardarlehen über 150.000 DM muß monatlich 1.200 DM Annuität gezahlt werden. Die Verzinsung erfolge jährlich zu 8%. Die Zinsgutschrift erfolge stets am Ende eines Monats, d.h. nachschüssig. Wie groß ist die Restschuld nach 5, 10, 15, 20 Jahren? Wann ist die Schuld getilgt?
Ergebnis: Die Jahresannuität beträgt 14928 DM. Weiterhin erhält man
nach 5 Jahren Restschuld 132.822,59 DM,
nach 10 Jahren Restschuld 107.583,35 DM,
nach 15 Jahren Restschuld 70.498,61 DM,
nach 20 Jahren Restschuld 16.008,97 DM.
Nach 21 Jahren beträgt die Restschuld 2.361,69 DM, d.h., die Schuld ist bis auf eine geringfügige Restzahlung nach 21 Jahren abgebaut bzw. nach 21 Jahren und 2 Monaten restlos getilgt.

Beispiel 2.25:   Ein Computermarkt bietet über „Finanzkauf" einen Computer zum Preis von 2.999,00 DM an. Es wird eine monatliche Ratenzahlung über 3 Jahre bei einem Zinssatz von 9,9% p.a. angeboten. Wie groß ist die Monatsrate?
Ergebnis: Bei Verwendung der nachschüssigen Version ergibt sich die Jahresannuität zu 1.203,82 DM und damit die Monatsrate zu 95,96 DM.

Beispiel 2.26:   Ein Autohändler bietet an: Kauf eines PKW bei sofortiger Barzahlung zu 24.990 DM oder: 25% sofortige Anzahlung und dann Quartalsraten von 2.500 DM über zwei Jahre. Welcher effektive Jahreszinssatz liegt zugrunde?
Ergebnis: Aus einer quadratischen Gleichung ergibt sich der Zinssatz 4,0969% (also ein günstiges Angebot).

2.4.4   Annuitätentilgung mit Auszahlungsgebühren

Hypothekenbanken bieten ihren Kunden, in der Regel den Bauherren, Darlehen mit einem Disagio an; das bedeutet, daß der Kreditnehmer nicht die volle Auszahlungssumme, sondern nur einen Teilbetrag von $(100-\delta)$% bekommt (häufig: 90%, 95% usw.). Der einbehaltene Betrag heißt *Disagio*. Diesem Nachteil stehen zwei Vorteile gegenüber: in der Regel wird ein günstigerer Zinssatz vereinbart, und außerdem wirkt der Disagio-Betrag (Auszahlungsgebühr) einkommenssteuermindernd. Der Bauherr bzw. Finanzierer wird sich also überlegen, ob dieses Disagio-Angebot im speziellen Fall günstig ist oder nicht. Zu beachten ist, daß die Tilgung trotz des Abzuges sich stets auf den vollen Betrag (100%, die Bausumme) bezieht.

Beispiel 2.27:   Ein Bauherr erhält zwei Angebote:
1. Der Kreditbetrag von 200.000 DM wird zu 95% ausgezahlt und vierteljährlich mit 1,8% verzinst bei einer Laufzeit von 5 Jahren (Zinsbindung).

2. Der Kreditbetrag von 190.000 DM wird voll ausgezahlt und vierteljährlich mit 2% verzinst, ebenfalls bei einer Laufzeit von 5 Jahren.
Die Monatsannuität betrage 2.000 DM. Wie groß ist in beiden Fällen die Restschuld nach 5 Jahren? (Verwenden Sie die nachschüssige Version!)
Ergebnis: Im Falle 1 erhält man die Restschuld 141.976,14 DM, hingegen im Falle 2 erhält man 135.573,89 DM. Benutzen Sie auch andere Zinssätze zum Vergleich!

Zu weiteren detaillierten Ausführungen zur Renten- und Tilgungsrechnung sowie zur rechentechnischen Unterstützung siehe die diesbezügliche Fachliteratur zur Finanzmathematik, z. B. [BOS], [GRO], [KÖH].

2.5 Mathematisches Modell des Bausparens

Dieser Abschnitt dient zur Darstellung einer mathematischen Modellierung des Bausparens. Das Bausparen ist eine der intensivsten und bekanntesten Formen der Geldanlage; es steht nach den Spareinlagen an zweiter Stelle in Deutschland. Aus diesem Grunde ist es doch interessant zu erfahren, inwieweit sich dieser Finanzierungsprozeß mit finanzmathematischen Mitteln beschreiben läßt. Wir können bereits jetzt sagen: mit groben Modellen ist es schon möglich, aber bei genauerem Hinsehen müssen wir bemerken, daß der Gesamtprozeß des Bausparens von einer großen Kundenmasse beeinflußt wird und damit statistische Besonderheiten hat. Diesem Umstand können wir an dieser Stelle noch nicht Rechnung tragen, schon eher nach Behandlung des Kapitels 3.

2.5.1 Beschreibung des Bausparens

Das Bausparen ist ein Vorgang, der aus zwei Etappen besteht: einer *Ansparphase* und einer *Tilgungsphase*. Zunächst wird über einige Jahre durch Einzahlung von Sparbeträgen ein Guthaben gebildet, dann wird ein Darlehen ausgezahlt und dieses über einige Jahre durch Einzahlung getilgt. Da viele Kunden über eine lange Zeit zu unterschiedlichen Zeitpunkten Beträge einzahlen und zu unterschiedlichen Zeitpunkten Beträge ausgezahlt werden, ist immer alles im Fluß: gemeinsames Sparen und Tilgen ist vorteilhafter als individuelles Sparen und Tilgen.

Wenn ein Hausbauer 100.000 DM benötigt und nur 10.000 DM im Jahr zur Seite legen kann, dann muß er eben 10 Jahre warten. Wenn 10 Hausbauer auf die gleiche Weise herangehen, dann besteht für einen bereits im ersten Jahr die Möglichkeit zu bauen, für einen zweiten im zweiten Jahr usw.; natürlich bleibt hierbei ein letzter übrig, aber dieser ist gegenüber der individuellen Lösung gar nicht benachteiligt, weil er eben auch nur 10 Jahre warten müßte. Bei Bildung eines Mittelwertes heißt das aber, daß die Wartezeit auf durchschnittlich 5½ Jahre sinkt. Das ist doch vorteilhaft.

Nun ist dieses obige Modell sehr grob. In Wirklichkeit gibt es keinen ersten und keinen letzten. Es gibt keine individuellen Vorteile, da alle Wirkungen über die Zeitachse ausgeglichen werden. Die Vergabe des Darlehens wird an Bewertungszahlen gebunden, die den Spar- und Tilgungsprozeß mit ehrlichen Mitteln bemessen.

Der reale Vorgang des Bausparens weicht durch eine Reihe von Besonderheiten von dem obigen groben Modell ab: die Darlehenssummen sind von Bausparer zu Bausparer unterschiedlich, ebenso sind die Sparbeträge und die Tilgungsbeträge unterschiedlich und auch nicht stets regelmäßig, und außerdem sind alle Zeitpunkte von Ein- und Auszahlungen einigermaßen gleichmäßig auf der Zeitachse verteilt; es kommen ständig neue Bausparer hinzu, während andere ausscheiden. Auf diese Weise entsteht ein Gesamtgefüge, welches bezüglich der Zahlungsfähigkeit stabil sein muß; dies wird durch gesetzliche Grundlagen geregelt (Allgemeine Bedingungen für Bausparverträge).

Charakteristisch für das Bausparen sind eine Reihe von allgemeinen Vereinbarungen, wie sie im folgenden Kasten genannt sind.

Allgemeine Vereinbarungen:

- *die Abschlußgebühr für einen Bausparvertrag beträgt in der Regel 1% der Bausparsumme;*

- *der Sparzinssatz p.a. beträgt in der Regel 3%;*

- *der Tilgungszinssatz p.a. beträgt in der Regel 5% und ist in der Regel 2% höher als der Sparzinssatz;*

- *das Mindestsparguthaben soll sich in der Regel auf 40% der Bausparsumme belaufen;*

- *die Mindestsparzeit beträgt in der Regel 6 Quartale;*

- *die Darlehensgebühr beträgt in der Regel 2% des Anfangsdarlehens;*

- *die Spar- und Tilgungseinzahlungen erfolgen* **monatlich**, *die Verzinsung erfolgt* **quartalsweise**;

- *die Zuteilung des Darlehens erfolgt, falls die erforderlichen Mittel vorhanden sind und der Rang gemäß Bewertungszahl erreicht ist.*

Die hier aufgeführten Daten und Aussagen sind der Regelfall; aber es kann von Bausparkasse zu Bausparkasse kleinere Abweichungen geben. Hinsichtlich der Spar- und Tilgungsbeträge gibt es keine bedeutsamen Einschränkungen; diese werden durch den Anreiz reguliert, günstige Bewertungszahlen für die Bewilligung des Darlehens zu erreichen. Hier gilt in der Regel ein sogenanntes Zeit-Geld-Gesetz, d.h., bevorteilt sind langfristige Sparer und Tilger: in der Ansparphase 4-5 ‰ und in der Tilgungsphase 5-6‰ der Bausparsumme monatlich.

2.5.2 Das statische Modell

Folgende, für die Bausparmathematik typische Bezeichnungen (siehe [LA1], [LA2]) werden benutzt:

Definition 2.6:

V	*Bausparsumme*
A	*Sparbeitrag im Quartal (prozentual zu V)*
B	*Tilgungs- und Zinsrate im Quartal (prozentual zu V)*
s	*Sparzeit/Wartezeit (in Quartalen)*
t	*Tilgungszeit (in Quartalen)*
G, G_k, G	*Sparguthaben*
G_s	*Anspargrad*
D, D_k, D	*Darlehen*
D_0	*Anfangsdarlehen incl. Darlehensgebühr d*
d	*Darlehensgebühr prozentual zum Anfangsdarlehen*
$1 + \dfrac{d}{100}$	*Gebührenfaktor*
r	*Aufzinsungsfaktor bez. Quartal in der Sparphase*
q	*Aufzinsungsfaktor bez. Quartal in der Darlehensphase*

Alle Zahlungen werden nachschüssig getätigt. Für einen einzelnen Bausparer hat sich nach k Quartalen das Guthaben

$$G_k = A \cdot \frac{r^k - 1}{r - 1} \tag{2.18}$$

angehäuft; nimmt man an, daß in jedem Quartal genau 1 Bausparer mit genau den gleichen Bedingungen und Größen hinzukommt, so entsteht in der Sparzeit s die Gesamtsumme aller eingezahlten Sparbeiträge, abzüglich des Endguthabens eines Bausparers,

$$G = \sum_{k=0}^{s-1} G_k = \frac{A}{r-1} \cdot \left(\frac{r^s - 1}{r-1} - s \right). \tag{2.19}$$

Gemäß der in Abschnitt 2.4 behandelten Tilgungsrechnung ist die Annuität B so festzusetzen, daß das Anfangsdarlehen D_0 in t Quartalen restlos getilgt werden kann. Dieses Anfangsdarlehen stellt sich wie folgt dar: Bausparsumme minus Sparguthaben, erhöht durch die Darlehensgebühr:

$$D_0 = (V - G_s) \cdot (1 + \frac{d}{100}) \qquad \text{mit } V = 100 \tag{2.20}$$

mit (Anspargrad)

$$G_s = A \frac{r^s - 1}{r - 1}.$$

Dieses Anfangsdarlehen ist durch Tilgungsbeträge B abzutragen:

$$B = D_0 \, q^t \cdot \frac{q-1}{q^t - 1}. \tag{2.21}$$

Die Restschuld nach dem l-ten Quartal beträgt

$$D_l = D_o \, q^l - B \cdot \frac{q^l - 1}{q - 1}, \tag{2.22}$$

woraus für $l = t$ auch wieder (2.21) folgt, d.h. $D_t = 0$. Die durchschnittliche Höhe der Darlehen und Restschulden aller beteiligten Bausparer ist

$$D = \sum_{l=0}^{t-1} D_l = \left[D_0 \frac{q^t - 1}{q - 1} - \frac{B}{q-1} \left(\frac{q^t - 1}{q - 1} - t \right) \right] = \frac{tB - D_0}{q - 1}. \tag{2.23}$$

Analog zur Investitionsrechnung - gemäß dem Äquivalenzprinzip übereinstimmende Ausgaben und Einnahmen - gilt hier $G = D$:

$$\frac{A}{r-1} \cdot \left(\frac{r^s - 1}{r-1} - s \right) = \frac{tB - D_0}{q - 1}. \tag{2.24}$$

Für D_0 kann hier (2.20) und für B kann hier (2.21) eingesetzt werden. Daraus entsteht eine Gleichung für die Wartezeit/Ansparzeit s

$$\frac{A}{r-1}\cdot\left(\frac{r^s-1}{r-1}-s\right)-\left(V-A\frac{r^s-1}{r-1}\right)\cdot\left(1+\frac{d}{100}\right)\cdot\left(\frac{tq^t}{q^t-1}-\frac{1}{q-1}\right)=0\,; \qquad (2.25)$$

aus der Lösung s lassen sich Tilgungsbeitrag B, Anspargrad G_s und Anfangsdarlehen D_0 ableiten.

Vorstellbar wäre auch, statt der Beziehungen (2.19) und (2.23) Durchschnittswerte der Höhen der Sparguthaben und der Schulden zu verwenden, weil dann die unterschiedlichen Längen von Ansparzeit und Darlehenszeit berücksichtigt werden können, z. B. also statt (2.24) die Gleichung

$$\frac{1}{s}\frac{A}{r-1}\cdot\left(\frac{r^s-1}{r-1}-s\right)=\frac{1}{t}\frac{tB-D_0}{q-1}$$

zu benutzen. Rechnerische Proben zeigen, daß im statischen Modell die Ansparzeit/Wartezeit sehr groß ausfallen kann, so daß damit auch der Anspargrad groß wird, bis um die 80%.

Beispiel 2.28: Berechnen Sie Wartezeit, Anspargrad, Anfangsdarlehen und Annuität aus (2.25) bzw. (2.21) unter den oben festgelegten allgemeinen Vereinbarungen ($r = 1{,}0075$; $q = 1{,}0125$) sowie Sparbeitrag $A = 2\%$ und Tilgungszeit $t = 36$ Quartale!
Ergebnis: Wartezeit 27,64 Quartale, Anspargrad 61,17%, Anfangsdarlehen 39,61%, Annuität/Tilgungsbeitrag 1,3730%.

Die numerische Aufbereitung der Beziehung (2.24) vollzieht sich etwas anders, wenn der Tilgungsbeitrag gegeben und die Tilgungszeit gesucht ist. Wir erhalten dann folgende Gleichung, die jedoch glücklicherweise, in dieser Form einem Näherungsverfahren unterzogen, stabile Lösungen ergibt (man denke an mögliche Konvergenzprobleme des Iterationsverfahrens oder des Newtonschen Tangentenverfahrens

$$\frac{A}{r-1}\left(\frac{r^s-1}{r-1}-s\right)-B\frac{\ln\left[\dfrac{B}{B-(q-1)(V-A\dfrac{r^s-1}{r-1})(1+\dfrac{d}{100})}\right]}{(q-1)\ln q}+\frac{(V-A\dfrac{r^s-1}{r-1})(1+\dfrac{d}{100})}{q-1}$$

$$=0,$$

$$(2.26)$$

wobei

$$t = \frac{\ln\left[\dfrac{B}{B - (q-1)(V - A\dfrac{r^s-1}{r-1})(1+\dfrac{d}{100})}\right]}{\ln q} \tag{2.27}$$

die Tilgungszeit ist.

Beispiel 2.29: Berechnen Sie Wartezeit, Tilgungszeit, Anspargrad und Anfangsdarlehen unter den oben festgelegten allgemeinen Vereinbarungen ($r = 1{,}0075$; $q = 1{,}0125$) sowie Sparbeitrag A = 2% und Tilgungsrate B = 1,5%!
Ergebnis: Wartezeit 27,11 Quartale, Tilgungszeit 33,56 Quartale, Anspargrad 59,89%, Anfangsdarlehen 40,91%.

Beispiel 2.30: Wie groß wären die wesentlichen Parameter des Bausparens für einen „begüterten" Bauherrn (wenn auch die Bewertungszahlen kurze Fristen erschweren) mit A = 6% und B = 4%? Die Zinssätze seien wie oben vereinbart.
Ergebnis: Ansparzeit 9,62 Quartale, Tilgungszeit 11,08 Quartale, Anspargrad 59,65%, Anfangsdarlehen 41,16%.

Die nachfolgende Abbildung zeigt aus der Sicht eines einzelnen Bausparers sein Guthaben- bzw. Schuldenniveau g_k bezüglich der Laufzeit (k-tes Quartal) des Bausparens. Es gilt:

$$g_k = \begin{cases} A \cdot \dfrac{r^k-1}{r-1} & \text{für } k = 0 \ldots s \\[2ex] \left(A \cdot \dfrac{r^s-1}{r-1} - V\right) \cdot (1 + \dfrac{d}{100}) + B \cdot \dfrac{q^{k-s-1}-1}{q-1} & \text{für } k = s+1, \ldots, t. \end{cases}$$

Abschließend zum statischen Modell behandeln wir noch das Problem *Bewertungszahlen*. Im Bausparprozeß befinden sich viele Bausparer in den unterschiedlichsten Zahlungsvorgängen. Mit den Bewertungszahlen soll eine Rangordnung in diese Warteschlange gebracht werden. Die Zuteilung des nächsten Darlehens ergibt sich aus dem Träger der höchsten Bewertungszahl. Die Rangposition verbessert sich mit größer werdender Laufzeit des Ansparens (und in einigen Ansätzen auch mit dem Guthaben). Diese Bewertungszahlen W_k sind von den einzelnen Bausparkassen unterschiedlich konzipiert, verfolgen aber stets das Ziel, mit fairen Mitteln die Bausparer zu behandeln, insbesondere „Sparer mit langzeitlich hohen Einsätzen" zu belohnen. Für die Liquidität der Bausparkasse ist wichtig, stets lange Zeit über viele Mittel zu verfügen.

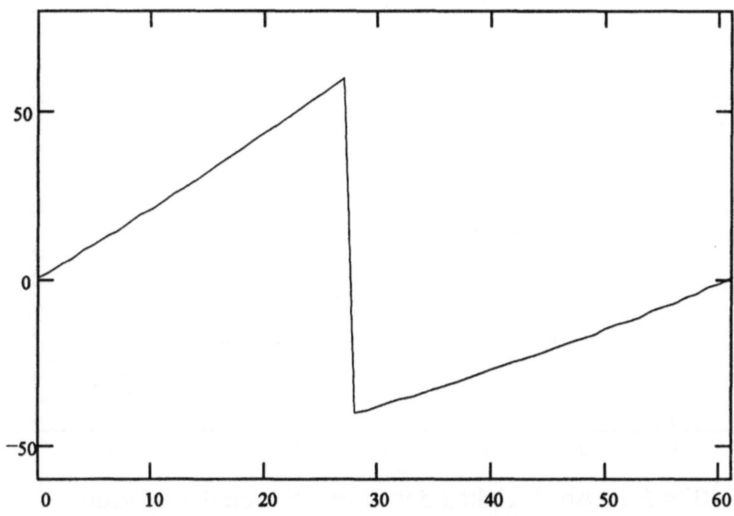

Bild 2.3: Ablauf des Bausparens im statischen Modell

Hierzu nur eine (von vielen) Möglichkeiten, ein passendes (und gerechtes) Modell von Bewertungszahlen, also ein „Zeit-Geld-Gesetz" zu formulieren, das von möglichst vielen Bausparern akzeptiert wird: von Quartal zu Quartal werden die Anspar-Prozentsätze addiert; für das k-te Quartal gilt:

$$W_k = \sum_{l=0}^{k} A \cdot \frac{r^l - 1}{r - 1} = \frac{A}{r - 1} \cdot \left(\frac{r^k - 1}{r - 1} - k \right) \qquad \text{für } k = 1 \ldots s \ . \qquad (2.28)$$

In den Tafeln der Bauspartarife werden in der Regel die mittleren Bewertungszahlen im Zuteilungsfalle angegeben, d.h. W_s (auch für nichtganzzahlige Werte der Wartezeit s):

$$W_s = \frac{A}{r - 1} \left(\frac{r^s - 1}{r - 1} - s \right). \qquad (2.29)$$

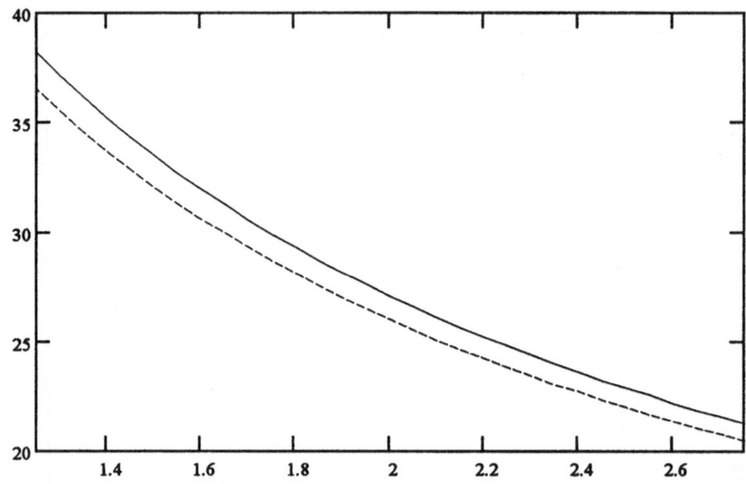

Bild 2.4: Abhängigkeit der Wartezeit von der Sparrate
(für zwei verschiedene Ansätze für die Tilgungsrate)

Diese Handhabung garantiert, daß Bausparer unabhängig von der absoluten Höhe ihrer Sparraten in DM lediglich für ihre prozentualen Sparraten bedient werden. Die obige Abbildung 2.4 zeigt die Abhängigkeit der Wartezeit auf Zuteilung von der Sparrate in zwei Fällen der Tilgungsrate, die indirekt auch Einfluß auf die Wartezeit nimmt.

2.5.3   Ein Modell mit unregelmäßigen Zahlungen

Das statische Modell beinhaltet regelmäßige und gleichhohe Ratenzahlungen in der Ansparphase/Wartephase und ebenso in der Tilgungsphase/Darlehensphase. Wir wollen noch kurz die Beziehungen aufschreiben, die entstehen, wenn die Zahlungen zwar quartalsweise (das läßt sich einrichten und vereinbaren), aber in unterschiedlicher Höhe einlaufen und wenn die Darlehenszuteilung in mehreren Schritten erfolgt.

In der Ansparphase seien A_1, A_2, ..., A_s die Sparraten; in der Tilgungsphase seien B_1, B_2, ... , B_t die Tilgungsraten (Zinsen und Tilgungen, also Annuitäten). Die n Zuteilungen ($n < t$) des Gesamtdarlehens nach der Wartezeit seien Z_1, Z_2, ... , Z_n in den Zeitpunkten (Quartale) τ_1, τ_2, ... , τ_n innerhalb der Darlehensphase. Für diese Aufteilung gilt (Darlehen ohne Darlehensgebühr):

$$\frac{D_0}{1+\dfrac{d}{100}} = Z_1 + Z_2 + ... + Z_n \, .$$

Diese Zuteilungen werden jedoch gemindert durch eine Bereitstellungsgebühr (es ist bei Baukrediten üblich, bei verzögertem Abruf von Darlehensteilen den aufbewahrten Darlehensrest mit einem Bereitstellungszinssatz, z.B. 3%, zu verzinsen), die gesondert gezahlt werden muß und in die Bilanz der Bausparkasse nicht eingeht (wie auch die Gebühr für den Bausparvertrag an sich); der zugehörige Aufzinsungsfaktor sei b (z.B. 1,03). Demzufolge kommen dann zur Zuteilung

$$Z_1' = Z_1 - D_0 \cdot (b^{\tau_1 - s} - 1)$$

$$Z_2' = Z_2 - (D_0 - Z_1) \cdot (b^{\tau_2 - \tau_1} - 1)$$

$$...$$

$$Z_n' = Z_n - (D_0 - Z_1 - ... - Z_{n-1}) \cdot (b^{\tau_n - \tau_{n-1}} - 1);$$

dies mindert insgesamt die angestrebte Bausparsumme. Für diese nicht abgerufenen Darlehensteile müssen aber dann auch keine Tilgungszinsen aufgebracht werden. Diese wären wie folgt aufzurechnen:

$$D_k = Z_1 q^{k-\tau_1} H(k - \tau_1) + Z_2 q^{k-\tau_2} H(k - \tau_2) + ... + Z_n q^{k-\tau_n} H(k - \tau_n) - \sum_{j=1}^{k} B_j q^{k-j},$$

$$k = 0,1,...,t - 1.$$

das ist jeweils der aktuelle Darlehensbestand (Schuld); $H(.)$ ist die Heavisidesche Einheitssprungfunktion, die hier gebraucht wird um anzuzeigen, ob Tilgungszinsen schon zu zahlen sind oder nicht. Die Tilgungszeit t ergibt sich dann, wenn

$$D_{t-1} > 0, \quad D_t \le 0$$

ist. Die Summe $D_0 + D_1 + ... + D_{t-1} = D$ der ausgereichten Darlehen, entsprechend dem statischen Modell, ist zu vergleichen mit der Summe $G_1 + G_2 + ... + G_s = G$ der eingelegten Guthaben, für die gilt

$$G_k = \sum_{j=1}^{s} A_j \, r^{k-j}, \quad k = 1,2,...,s.$$

Die nachfolgende Abbildung soll den Zahlungsverlauf verdeutlichen, hier bei einmaliger Zuteilung am Ende der Ansparphase:

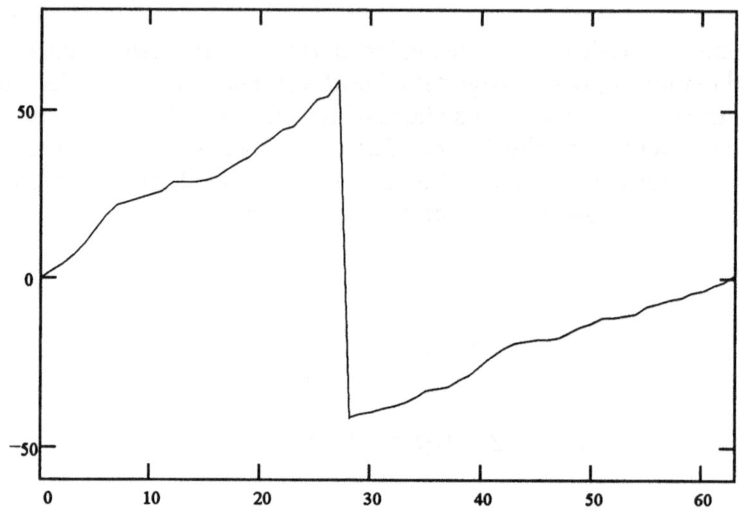

Bild 2.5: Bausparen bei unregelmäßigen Zahlungen

2.5.4 Nichtstatische Modelle des Bausparens

Das statische Modell ging davon aus, daß über eine lange Zeit, mindestens über 15 Jahre, die in das Bausparen eintretenden und austretenden Kunden quartalsweise konstant bleiben und daß gewisse Zahlungsmodalitäten ebenfalls gleichförmig sind, wie etwa konstante Sparraten und Tilgungsraten sowie fristgemäße Inanspruchnahme der Zuteilung usw.

Das normale Leben ist aber vielfältig. Die Bausparer sind einerseits bemüht, so schnell als möglich an ihre Zuteilung zu kommen, d.h. die Wartezeit zu verkürzen (das wird aber durch die Bewertungszahlen geregelt). Andererseits haben aber auch viele Sparer finanzielle Schwierigkeiten (unregelmäßige oder aussetzende Spar- bzw. Tilgungsraten), geänderte Absichten (Austritt aus dem Bausparvertrag oder ausschließlich Nutzung des Ansparens), oder es wird berücksichtigt, daß das Darlehen in Teilen je nach Baufortschritt gezahlt wird. Auf diese Weise ist der in Abschnitt 2.5.2 vorbereitete Ansatz des statischen Modells nur eine Idealvariante. Nun gibt es eine Reihe von Versuchen, die genannten „Störungen" des statischen Modells ebenfalls zu modellieren und Präzisierungen in das statische Modell hineinzubauen. Das dient insbesondere dazu, die Wirkungsweise der Störungen auf z.B. die

Wartezeit, den Anspargrad, die Tilgungszeit oder die Tilgungsrate und nicht zuletzt auf die Bewertungszahl, an der der Bausparer seine Sparwilligkeit messen kann, zu erkennen.

Wir betrachten drei Sonderfälle:

- das dynamische Modell,
- den Einmalsparbetrag,
- den Austritt.

Definition 2.7:

u	*Wachstumsfaktor der Anzahl der Bausparer*
$\hat{A}$	*Einmalsparbetrag*
k	*Kündigungsfaktor*

Das *dynamische Modell* ist dadurch gekennzeichnet, daß von Quartal zu Quartal die Anzahl der in das System eintretenden Bausparer entsprechend einer geometrischen Folge, d.h. mit konstantem prozentualen Zuwachs, zunimmt (oder gar abnimmt). Der *Wachstumsfaktor* sei u; $u = 1$ ist das statische Modell. Wir betrachten jetzt $u \neq 1$. Analog dem statischen Modell werden die Guthaben und Schulden entwickelt und das für die Bausparkasse wichtige Gleichgewicht der Zahlungsbilanz aufgestellt. Da zu den jüngeren Bausparern die kleineren Indizes k gehören, diese jedoch von der Anzahl her quartalsweise anwachsen, gilt (mit dem Zeichen „$\widetilde{}$ " werden die Größen des dynamischen Modells markiert)

$$\widetilde{G}_k = A \cdot \frac{r^k - 1}{r - 1} \cdot u^{s+t-k} . \tag{2.30}$$

Daraus folgt die Gesamtsumme

$$G = \sum_{k=0}^{s-1} \widetilde{G}_k = \begin{cases} \dfrac{Au^{t+1}}{r-1} \cdot \left[\dfrac{r^s - u^s}{r - u} - \dfrac{u^s - 1}{u - 1} \right] & \text{für } r \neq u \\[3ex] \dfrac{Au^{t+1}}{r-1} \cdot \left[su^{s-1} - \dfrac{u^s - 1}{u - 1} \right] & \text{für } r = u. \end{cases} \tag{2.31}$$

Andererseits gilt für die Darlehen (es ist zu beachten, daß i.allg. $D_0 \neq \widetilde{D}_0$ ist)

$$\widetilde{D}_k = \left[D_0 \cdot q^k - B \cdot \frac{q^k - 1}{q-1} \right] \cdot u^{t-k}$$

mit

$$D_0 = (V - G_s) \cdot (1 + \frac{d}{100})$$

$$G_s = A \cdot \frac{r^s - 1}{r - 1}$$

(es ist zu beachten, daß hier nicht $\widetilde{G}_s$, sondern G_s verwendet wird) sowie für die Gesamtsumme der Darlehen

$$D = \sum_{k=0}^{t-1} \widetilde{D}_k = \begin{cases} (D_0 - \dfrac{B}{q-1})u \cdot \dfrac{q^t - u^t}{q-u} + \dfrac{Bu}{q-1}\dfrac{u^t - 1}{u-1} & \text{für } q \neq u \\[4mm] D_0 tu^t - \dfrac{Bu}{q-1}(tu^{t-1} - \dfrac{u^t - 1}{u-1}) & \text{für } q = u. \end{cases} \qquad (2.32)$$

Analog (2.26) wird das Gleichgewicht $G = D$ angenommen. Daraus folgt für $r \neq u$ und für $q \neq u$ die Gleichung

$$\frac{Au^{t+1}}{r-1}\left[\frac{r^s - u^s}{r-u} - \frac{u^s - 1}{u-1} \right] - \left((V - G_s)(1 + \frac{d}{100}) - \frac{B}{q-1} \right) \cdot u \cdot \frac{q^t - u^t}{q-u} - \frac{Bu}{q-1}\frac{u^t - 1}{u-1} = 0,$$

$$(2.33)$$

die mit Näherungsverfahren nach der Wartezeit s aufgelöst werden kann. Dabei müssen entweder B oder t gegeben sein, die ihrerseits mit (wie (2.21))

$$B = D_0 \cdot q^t \cdot \frac{q-1}{q^t - 1}$$

zusammenhängen. Wünscht man den Vergleich mit dem statischen Modell, so sollte in den Formeln der Grenzwert $u \to 1$ geführt werden. In die Rechnerprogramme den Sonderfall $u = 1$ aufzunehmen, ist zwar prinzipiell möglich, führt jedoch zu einer scheinbaren Singularität und damit zu einer Umfangsvergrößerung der Programme. Ein numerischer Ersatz für diesen Vorgang kann z.B. mit einem nahe an 1 gelegenen u unkompliziert bereitgestellt werden.

Beispiel 2.31: Berechnen Sie für $r = 1,0075$, $q = 1,0125$, $d = 2$, $A = 2$ und $B = 1,5$ sowie für den Wert $u = 1,02$ (d.h. quartalsweise Zunahme der Bausparer um 2%) die Wartezeit, die Tilgungszeit, den Anspargrad und das Anfangsdarlehen! Berechnen Sie ebenfalls die Verkürzung der Wartezeit, die gegenüber dem statischen Modell entstanden ist!
Ergebnis: Wartezeit 25,15 Quartale; Tilgungszeit 38,68 Quartale; Anspargrad 55,12%; Anfangsdarlehen 45,78% sowie Verkürzung der Wartezeit 2,52 Quartale.

Beispiel 2.32: Rechnen Sie den gleichen Fall durch; anstelle der Tilgungsrate B sei jedoch die Tilgungszeit $t = 36$ Quartale gegeben!
Ergebnis: Wartezeit 24,74 Quartale; Tilgungsrate 1,6211%; Anspargrad 54,15%; Anfangsdarlehen 46,77% sowie Verkürzung der Wartezeit gegenüber dem statischen Fall 2,90 Quartale.

Mit den Formeln für den statischen und den dynamischen Zustand sind mögliche Bewegungen des Bausparerzustroms modelliert; die Ergebnisse für die wesentlichen Größen des Bausparens (Wartezeit, Tilgungszeit bzw. Tilgungsrate, Anspargrad, Anfangsdarlehen), die sich aus diesen Formeln ergeben, reichen zur Darstellung der Spannweiten aus.

Wir betrachten nunmehr eine zweite mögliche „Störung" des Normalfalles: *einmaliger Sparbetrag* anstelle eines Ratensparens. Diese Form der Ansparphase ist zwar generell zulässig, jedoch meist mit Beschränkung durch ein Kontingent, damit den vielen fleißigen Sparern kein Nachteil entsteht. Die nachfolgenden Ergebnisse zeigen nämlich, daß mit Einmalsparbeträgen die Wartezeit wesentlich verkürzt werden kann. Im nachfolgenden gehen wir aber davon aus, daß der Tilgungsprozeß wie oben beschrieben verläuft: über eine lange Tilgungszeit mit vielen „kleinen" Tilgungsraten.

Der einmalige Sparbetrag sei $\hat{A}$. Dann erhöht sich dieser Betrag durch die Verzinsung

$$G_k = \hat{A} \cdot r^k ;$$

für alle Bausparer dieser Art gilt dann insgesamt, einschließlich der möglichen Progression gemäß des dynamischen Modells,

$$G = \sum_{k=0}^{s-1} \hat{A} \cdot r^k \cdot u^{s+t-k} = \hat{A} \cdot u^{t+1} \cdot \frac{r^s - u^s}{r - u}.$$

Dieses G ist der Größe D, wie in (2.30), gemäß (2.23) gleichzusetzen, also

$$\hat{A} \cdot u^{t+1} \cdot \frac{r^s - u^s}{r - u} = \left[D_0 - \frac{B}{q-1} \right] \cdot u \cdot \frac{q^t - u^t}{q - u} + \frac{B \cdot u}{q-1} \cdot \frac{u^t - 1}{u - 1}, \tag{2.34}$$

wobei im Anfangsdarlehen

$$D_0 = (V - G_s) \cdot (1 + \frac{d}{100})$$

nunmehr der Anspargrad

$$G_s = \hat{A} \cdot r^s$$

eingesetzt werden muß. Mit Näherungsverfahren oder Interpolation aus Stützwerten ist die Gleichung (2.32) nach der Wartezeit s zu lösen.

Beispiel 2.33: Welchen Einmalsparbetrag muß ein Bausparer erbringen, wenn er mit einem Bausparer gemäß Beispiel 2.31 hinsichtlich der Bewertungszahl verglichen werden soll?
Ergebnis: Der „Einmal"sparer erreicht die gleiche Bewertungszahl bereits nach 11,57 Quartalen bei einem Einmalsparbetrag von 51,68%.

Wiederholen Sie das Problem entsprechend Beispiel 2.32!
Ergebnis: Der „Einmal"sparer erreicht die gleiche Bewertungszahl bereits nach 12,03 Quartalen bei einem Einmalsparbetrag von 51,32%.

Die Beispiele zeigen, daß der Einmalsparbetrag zu einer spürbaren Reduzierung der Wartezeit führt.

Eine weitere Möglichkeit, durch reale Vorgänge den statischen Fall auszubauen, besteht in der **Kündigung** des Bausparvertrages. Wir wollen berücksichtigen, daß $k \cdot 100\%$ der Bausparer ihre Zuteilung nicht in Anspruch nehmen, sondern sich am Ende der Wartezeit das Guthaben auszahlen lassen (früheres Auszahlen bzw. fortgesetztes Sparen werden nicht angenommen). k heißt Kündigungsfaktor. Die Bausparkassen berichten von wenigen Prozent, um die 4%, Kündigungen. Wir wollen den Einfluß auf den Bausparprozeß studieren.

Bei Kündigungen müssen weniger Darlehen bereitgehalten werden, d.h., in der Gleichung (2.32) kann anstelle von D mit $(1-k) \cdot D$ gearbeitet werden. Bei sonst konstanten Parametern wird bei Kündigungen die Wartezeit geringfügig kleiner, dafür der Anspargrad kleiner, das Anfangsdarlehen größer und die Tilgungszeit länger bzw. die Tilgungsraten größer. Es gibt Beispiele, in denen die Gesamtlaufzeit größer oder auch kleiner wird. Insgesamt gesehen haben Kündigungen keinen wesentlichen Einfluß auf das Geschehen.

Beispiel 2.34: Untersuchen Sie das Beispiel 2.31 bei Auftreten von Kündigungen, z.B. $k = 0.1$!
Ergebnis: Für Beispiel 2.31 erhält man (in Quartalen)
- ohne Kündigungen: Wartezeit 25,25; Gesamtzeit 63,83;
- mit Kündigungen: Wartezeit 24,06; Gesamtzeit 65,67.

Wie bei Baukrediten, werden zunehmend auch im Bausparwesen *Schuldentilgungen mit Disagio* angeboten. Dies hat zur Folge, daß neben der Darlehensgebühr außerdem noch ein Prozentsatz, in der Regel 5%, von der Anfangsdarlehenshöhe einbehalten wird. Es gibt also eine geringere Auszahlung des Darlehens und damit auch der Bausparsumme insgesamt. Die Darlehenshöhe bleibt dabei unberührt. Statt dessen wird dem Bausparer in der Tilgungsphase ein günstigerer Schuldenzins eingeräumt, in der Regel 1% weniger (also etwa statt 5% dann 4%).

Rechnerisch hat das folgende Konsequenzen: es wird mit einem kleineren Schuldzinssatz q gearbeitet, dafür muß aber der Bausparer eine höhere Bausparsumme V einkalkulieren, um die Auszahlungsdifferenz wieder ausgleichen zu können. Es sei Dg der Prozentsatz des Disagio; dann ist das Anfangsdarlehen D_0 auf

$$(V - G_s)(1 + \frac{d}{100}) \cdot \frac{100}{100 - Dg}$$

zu erhöhen. In allen obigen Formeln ist diese Erweiterung vorzunehmen. Eine Umrechnung auf eine neue Bausparsumme wollen wir uns hier sparen.

Beispiel 2.35: Vergleichen Sie einen Bausparvertrag ohne und mit 5%-Disagio für den Normalfall 3%/5% und $A = 2$, $B = 1.5$ im statischen Modell!
Ergebnis:
- ohne Disagio: $s = 27{,}11$; $t = 33{,}56$; $Ag = 59{,}89$; $D_0 = 40{,}91$;
- mit Disagio (5% Abzug vom Anfangsdarlehen, dafür Darlehen erhöhen, 4% Schuldenzinssatz):
$s = 27{,}36$; $t = 33{,}41$; $Ag = 60{,}49$; $D_0 = 42{,}42$.
Also keine wesentlichen Veränderungen gegenüber dem Fall ohne Disagio.

2.5.5 Effektivzinssatz in Bausparverträgen

Das Bausparen ist aus der Sicht des Bausparers eine Zahlungsfolge über eine längere Zeitdistanz. Es liegen für zwei Etappen verschiedene Zinssätze vor; es sind zusätzliche Prämienzahlungen möglich und außerdem werden mehrmals Gebühren veranschlagt. Auch eine Risikolebensversicherung kann in die Betrachtung eingebaut werden. Aus diesen Gründen ist es sinnvoll, nach dem effektiven Zinssatz (Rendite) des Gesamtvorgangs zu fragen, auch im Vergleich mit anderen Baufinanzierungsmöglichkeiten.

Problem 1:
Es wird der effektive Zinssatz in der Ansparphase betrachtet, der deshalb interessant wird, weil zusätzlich - bisher hatten wir davon Abstand genommen - die Bausparvertragsabschlußgebühr und die Wohnbauprämie ins Kalkül gezogen werden sollen.

> **Definition 2.8:**
> $p_{eff}/q_{eff}, r_{eff}, z_S$ *Effektivzinssatz bzw. Aufzinsungsfaktor*
> As *Bausparvertragsabschlußgebühr, in der Regel 1% von der Bausparsumme V*
> P *Wohnbauprämie (nach Familienstand), prozentual bezogen auf die Bausparsumme V*

Zu Beginn der Quartale 0, 1, ... , s-1 werden die Sparraten A gezahlt; die erste Sparrate wird um die Gebühr As gemindert; am Ende der Quartale 0,1, ... , s-1 wird die Prämie P gezahlt (auch im ersten Falle auf die Sparrate A bezogen). Dann entsteht also zu Beginn des Quartals s mit dem vereinbarten Sparzinssatz bzw. dem Aufzinsungsfaktor r das Guthaben

$$\hat{G}_s = (A - Ag) \cdot r^s + (A + P) \cdot r^{s-1} + (A + P) \cdot r^{s-2} + ... + (A + P) \cdot r + P$$

$$= (A - Ag) \cdot r^s + (A + P) \cdot r \cdot \frac{r^{s-1} - 1}{r - 1} + P. \tag{2.35}$$

Da der Bausparer jedoch nur mit seinen Sparraten A belastet scheint, ist es sinnvoll, das Guthaben (gewissermaßen ein Rentenendwert) mit einem Endwert zu vergleichen, der auf der Grundlage des Effektivzinssatzes entsteht. Hieraus folgt die Gleichung

$$(A - Ag) \cdot r^s + (A + P) \cdot r \cdot \frac{r^{s-1} - 1}{r - 1} + P = A \cdot r_{eff} \cdot \frac{r_{eff}^{\ s} - 1}{r_{eff} - 1} \tag{2.36}$$

für den Effektivzinssatz, die mit Näherungsverfahren oder Interpolation in Stützstellen gelöst werden kann. Formel (2.36) sagt aus, daß alle Verrechnungen aus Zahlungen, Vertragsgebühr und Prämien, bezogen auf den festgelegten Sparzinssatz, verglichen werden mit den Zahlungen, die der Bausparer selbst vornimmt.

Beispiel 2.36: Es sei $r = 1,0075$; $A = 2\%$; $Ag = 1\%$; $P = 0,28\%$. Berechnen Sie den Effektivzinssatz der Ansparphase und das Guthaben am Ende der Wartezeit einschließlich der Prämien und der Gebühr!
Ergebnis: Wegen der Aufteilung auf Quartale wird aus dem Nominalzinssatz 3% eigentlich 3,034%. Für die Wartezeit erhalten wir $s = 27,11$ Quartale. Der Effektivzinssatz p.a. ergibt sich durch Abzug der Auftragsgebühr und Prämienzulagen aus (2.34) zu 6,2161%. In diesem Falle wäre die Ansparphase schon recht ergiebig. Zuzüglich der Wohnbauprämie und abzüglich der Bausparvertragsabschlußgebühr verfügt man über ein Guthaben am Ende der Wartezeit von 67,50%.

Formel (2.36) gestattet auch die Ermittlung des effektiven Zinssatzes der Ansparphase bei Wahl einer anderen Wartezeit. Üblicherweise ist dem Bausparer daran gelegen, recht frühzeitig die Zuteilung zu erhalten: der effektive Zinssatz verbessert sich dann für ihn.

Beispiel 2.37: Es sei $r = 1{,}0075$; $A = 2\%$; $Ag = 1\%$; $P = 0{,}28\%$. Berechnen Sie den Effektivzinssatz für eine verkürzte Wartezeit von 20 Quartalen!
Ergebnis: Aus (2.36) folgen der effektive Zinssatz (7,1284%) und das Guthaben am Ende der verkürzten Wartezeit (48,16%).

Problem 2:
Der Versuch, für die gesamte Laufzeit eines Bausparvertrages den effektiven Jahreszinssatz zu berechnen, kommt an folgendem Argument nicht vorbei: Das Bausparen ist eine Kombination aus einer Sparphase und einer Tilgungsphase, aus Sparen und Tilgen, das heißt auch, aus einer Guthabenphase und einer Schuldenphase. Normalerweise werden für Guthaben und Schulden zweierlei Zinssätze verwendet, was sich auch in den allgemeinen Bedingungen des Bausparens bereits ausdrückt. Deshalb ist es auch nicht leicht, einen vernünftigen Ansatz für die Ausgestaltung des Äquivalenzprinzips und die Berechnung des Effektivzinses zu finden. Da durch weitere Zusätze im Bausparvertrag, wie Disagio, Agio, Kontoführungsgebühren oder gestaffelte Tilgungsraten, Lebensversicherung, Schnellfinanzierungsangebote usw. die Übersicht erschwert wird, hat der Bausparer kaum eine Chance des Vergleichs, es sei denn, er wählt eine „klassische" Standardvariante.

Der Bausparer nimmt folgende Zahlungen vor: in den Zeitpunkten (immer quartalsweise) $0,1,...,s\text{-}1$ die Raten A und in den Zeitpunkten $s,s\text{+}1,...,t\text{-}1$ die Raten B. Andererseits erhält er im Zeitpunkt s das Darlehen V. Könnten wir alle Zahlungen A und B auf ein Konto mit dem Zinssatz z_S vornehmen und müßten wir das Darlehen mit dem festen Kreditzinssatz z_D verzinsen, dann wäre:

$$A \cdot z_S^{\;s+t} + A \cdot z_S^{\;s+t-1} + ... + A \cdot z_S^{\;1+t} + B \cdot z_S^{\;t} + B \cdot z_S^{\;t-1} + ... + B \cdot z_S - V \cdot z_D^{\;t}$$

$$= A \cdot z_S^{\;1+t} \cdot \frac{z_S^{\;s} - 1}{z_S - 1} + B \cdot z_S \cdot \frac{z_S^{\;t} - 1}{z_S - 1} - V \cdot z_D^{\;t}$$

$$\text{(2.37)}$$

der Endwert aller Zahlungsbewegungen am Ende der Laufzeit. Unter der Annahme eines festen z_D (z.B. für 8% bei einem Baukredit: 1,02) könnte durch Nullsetzen des Ausdrucks (2.37) der Effektivzinssatz z_S für die Zahlungen des Bausparers erhalten werden. Dabei sind die anderen Größen B, s und t Formeln zu entnehmen, die weiter oben gegeben wurden.

Beispiel 2.38: Berechnen Sie diesen Effektivzinssatz, falls von folgenden Größen ausgegangen wird: $r = 1{,}0075$; $q = 1{,}0125$; $d = 2\%$; $A = 2\%$; $Ag = 1\%$; $P = 0.28\%$; $t = 36$ Quartale; $z_D = 2\%$!
Ergebnis: Gemäß (2.37) einschließlich der Zusatzbemerkungen: $z_S = 1{,}0329$; Effektivzinssatz 13,83%.

3 Ergänzungen zur Wahrscheinlichkeitsrechnung und Statistik

3.1 Abhängige Zufallsgrößen und bedingte Wahrscheinlichkeiten

3.1.1 Stochastische Unabhängigkeit

Dieses Buch geht davon aus, daß der Leser die Grundlagen der Wahrscheinlichkeitsrechnung im Rahmen der Mathematikausbildung für Ingenieure oder Wirtschaftswissenschaftler kennt, insbesondere solche elementaren Begriffe wie Zufallsexperiment, zufälliges Ereignis, Verknüpfung von Ereignissen (Querverbindung zur Mengentheorie), absolute und relative Häufigkeit, Nutzung der Kombinatorik. Dem Leser und Nutzer dieses Buches sei sehr empfohlen, sich den Lehrwerken der Wahrscheinlichkeitsrechnung und mathematischen Statistik (Stochastik) zuzuwenden, wenn im Wissensstand empfindliche Lücken spürbar werden. Das Kapitel 3 vermittelt einen kurzen Abriß zum Verständnis der in den weiteren Kapiteln nachfolgenden Probleme der Versicherungsmathematik.

Kolmogoroff definierte im Jahre 1933 die Wahrscheinlichkeit als normiertes Maß eines zufälligen Ereignisses auf der Grundlage eines Axiomensystems; diese Axiome sind sinnvolle grundlegende Forderungen für die Eigenschaften der Wahrscheinlichkeit. Sie ergeben sich gedanklich schlüssig aus den einfachen Eigenschaften, wie sie für die relativen Häufigkeiten gelten. Insofern wird auch davon ausgegangen, daß Aufgabenstellungen der „klassischen Wahrscheinlichkeitsrechnung" keine Hürde bedeuten.

Es sei Ω die Menge aller Elementarereignisse im *Zufallsexperiment*, auch Ereignisraum oder sicheres *Ereignis* genannt. Weiterhin sei **A** eine σ-Algebra (d.h. eine im bestimmten Sinne abgeschlossene Menge von Ereignissen E) über Ω. Jedem Ereignis $E \in$ **A** wird dann eine reelle Zahl $P(E)$ zugeordnet, die man *Wahrscheinlichkeit* des Ereignisses E nennt. Das Tripel (Ω, A, P) wird Wahrscheinlichkeitsraum genannt.

Axiomensystem der Wahrscheinlichkeitsrechnung:

(I)   *für alle Ereignisse $E \in \mathbf{A}$ gilt: $P(E) \geq 0$*
       (jedes Ereignis wird bemessen und das Maß ist nichtnegativ!)

(II) $P(\Omega) = 1$
       (das Maß ist maximal 1!)

(III)   *für je zwei unvereinbare Ereignisse $E_1, E_2 \in \mathbf{A}$ gilt:*
$$P(E_1 \cup E_2) = P(E_1) + P(E_2)$$
       (Additionssatz!)

Mit den Schlußfolgerungen aus diesem System von Axiomen und weiteren Begriffen wird das Gebäude der Wahrscheinlichkeitsrechnung (und später die mathematische Statistik als Bindestück zur numerischen Realisierung) aufgebaut. Wir wenden uns jetzt gezielt der Wirkungsweise der Abhängigkeit der Untersuchungsobjekte zu. Die Wechselwirkung zwischen Ereignissen, insbesondere Unabhängigkeit und Abhängigkeit einschließlich der Bedingtheit spielen in den stochastischen Modellen eine entscheidende Rolle, wenn man beabsichtigt, daß diese Modelle weitestgehend der Wirklichkeit angepaßt sein sollen.

Definition 3.1:   *Die Ereignisse E_1 und E_2 heißen (stochastisch) **unabhängig**, wenn gilt*

$$P(E_1 \cap E_2) = P(E_1) \cdot P(E_2).$$

Das Maß

$$P(E_1 | E_2) = \frac{P(E_1 \cap E_2)}{P(E_2)}, \qquad P(E_2) \neq 0$$

*heißt **bedingte Wahrscheinlichkeit** von E_1 unter der Bedingung, daß E_2 eingetreten ist. Demzufolge sind die Ereignisse E_1 und E_2 unabhängig, wenn sie "keinerlei Einfluß" aufeinander nehmen, d.h.*

$$P(E_1 | E_2) = P(E_1) \quad \text{sowie auch} \quad P(E_2 | E_1) = P(E_2).$$

In der Wahrscheinlichkeitsrechnung wird das Wirken im Wahrscheinlichkeitsraum $(\Omega, \mathbf{A}, P)$, weil der aus der Analysis gewohnte numerische Rahmen vermißt wird, durch eine Übertragung aller Tatbestände in die Menge der reellen Zahlen gesucht.

Auf diese Weise entsteht der Begriff *Zufallsgröße* bzw. *Zufallsvariable,* bezeichnet mit X (oder einem anderen großen lateinischen Buchstaben):

$$X: \quad \Omega \to \mathbf{R}.$$

Jedem Elementarereignis wird eine reelle Zahl zugeordnet; mit Ablauf des Zufallsexperiments nimmt die Zufallsgröße X einen „zufälligen" Wert an. Oft sind aber Ω und eine Teilmenge von $\mathbf{R}$ (oder ganz $\mathbf{R}$) identisch; dann ist ein Umdenken über die Abbildung des Wahrscheinlichkeitsraumes nicht erforderlich. Zufallsgrößen treten in vielen Anwendungsfällen auf, die sich von Natur aus in den reellen Zahlen abspielen, z.B. die Nutzungsdauer eines technischen Artikels, die Lebensdauer eines Lebewesens, die Körpergröße eines Menschen, die Anzahl der Fahrgäste in einem Eisenbahnzug, die Anzahl der Unfälle einem bestimmten Tag in einer bestimmten Stadt. Damit wird hier die Nutzbarkeit der Wahrscheinlichkeitsrechnung in der Versicherungsmathematik sehr gut deutlich.

Die mit den Zufallsgrößen verbundenen Begriffe *diskrete* und *stetige* (bzw. *absolutstetige) Verteilung, Verteilungsfunktion, Dichtefunktion, Momente (Erwartungswert, Varianz, Standardabweichung* usw.) werden jetzt vorausgesetzt. Mit Hilfe der Verteilungs- bzw. Dichtefunktion ist auch die bedingte Wahrscheinlichkeit bzw. die *bedingte Verteilung* im Zusammenspiel von zwei Zufallsgrößen darstellbar, wozu der zweidimensionale Zufallsvektor benötigt wird.

Definition 3.2:   *$F(x,y)$ sei die Verteilungsfunktion des Zufallsvektors (X, Y).*

Dann heißt

$$F(x|y) = \lim_{h \to 0} \frac{P(X < x, y \leq Y < y + h)}{P(y \leq Y < y + h)}$$

*die **bedingte Verteilung** von X unter der Bedingung, daß Y den Wert y annimmt. Für eine stetige Verteilung gilt außerdem*

$$f(x|y) = \frac{f(x,y)}{\displaystyle\int_{-\infty}^{\infty} f(x,y)\,dx}.$$

Damit ist es jetzt auch möglich, die Begriffe der Unabhängigkeit bzw. Abhängigkeit auf Zufallsgrößen zu übertragen, indem alle mit den jeweiligen Zufallsgrößen verbundenen Ereignisse ins Spiel kommen. Nun ist es wohl kaum möglich, bei „normalen" Verhältnissen wirklich alle Ereignisse betrachten zu wollen; deshalb die folgende Definition.

Definition 3.3:   *Zwei Zufallsgrößen X_1 und X_2 heißen (stochastisch) unabhängig, falls sämtliche Ereignisse, die mit X_1 zusammenhängen, unabhängig sind von den Ereignissen, die mit X_2 zusammenhängen, oder in der Sprache der Verteilungsfunktionen*

$$P(\{X_1 < a\} \cap \{X_2 < b\}) = P(X_1 < a) \cdot P(X_2 < b)$$
$$F(a,b) = F_1(a) \cdot F_2(b).$$

Es leuchtet ein, daß folgende Zufallsgrößen unabhängig sein werden:
- die Lebensdauer eines Menschen und der aktuelle Dollarkurs,
- die Körpergröße eines Menschen und die Anzahl der Selbstmorde,
- die Anzahl der Studenten einer Hochschule und die Lufttemperatur an der Nordsee;

aber folgende Zufallsgrößen könnten abhängig sein:
- Körpergröße und Körpergewicht eines Menschen,
- Anzahl der Verkehrsunfälle und Lufttemperatur in einem Ort,
- Lebensdauer eines Menschen und die Anzahl seiner Arbeitsausfalltage wegen Krankheit.

Da oft mehr als zwei Zufallsgrößen miteinander verbunden sind, soll der Begriff der Unabhängigkeit (bzw. Abhängigkeit) erweitert werden. Dazu wird der n-dimensionale Zufallsvektor $(X_1, X_2, ..., X_n)$ verwendet.

Definition 3.4:   *Die n Zufallsgrößen X_1, X_2,..., X_n heißen (vollständig) unabhängig, falls*

$$P(\{X_1 < a_1\} \cap ... \cap \{X_n < a_n\}) = P(X_1 < a_1) \cdots P(X_n < a_n)$$

bzw.

$$F(a_1,...,a_n) = F_1(a_1) \cdots F_n(a_n).$$

Aus der (vollständigen) Unabhängigkeit folgt die paarweise Unabhängigkeit der beteiligten Zufallsgrößen. Die Umkehrung gilt nicht.

Es sei erwähnt, daß Zufallsvektoren insbesondere dann eine Rolle spielen, wenn es um bestimmte Funktionen ihrer Argumente geht, etwa die Summe von Zufallsgrößen (im zentralen Grenzverteilungssatz, im Gesetz der großen Zahlen), die Quadratsumme von Zufallsgrößen (für Schätzungen der Varianz, χ^2-Verteilung) oder Produkte von Zufallsgrößen.

3.1.2 Maßzahlen für die Abhängigkeit

Zum Zwecke der Prüfung der Unabhängigkeit sowie zur Bemessung der Intensität der Abhängigkeit ist es erforderlich, eine Quantifizierung einzuführen. Nur muß man sich im klaren sein, daß die Abhängigkeit von Zufallsgrößen vielgestaltig sein kann und damit eine durchweg befriedigende Darstellung der Abhängigkeit unmöglich ist (so wie bei der Beschreibung eines realen Vorgangs durch eine Funktion f(x)).

Definition 3.5:

$$cov(X,Y) = E[(X - EX)\cdot(Y - EY)] \qquad \textbf{\textit{Kovarianz}} \textit{ von X und Y}$$

$$\rho_{X,Y} = \frac{cov(X,Y)}{\sqrt{D^2X \cdot D^2Y}} = \frac{cov(X,Y)}{\sigma_X \cdot \sigma_Y} \qquad \textbf{\textit{Korrelationskoeffizient}}$$

Zwei Zufallsgrößen X und Y heißen **unkorreliert**, *wenn* $cov(X,Y) = \rho_{X,Y} = 0$.

Aus der Unabhängigkeit zweier Zufallsgrößen folgt die Unkorreliertheit; die Umkehrung gilt nicht generell. Für normalverteilte Zufallsgrößen folgt aus der Unkorreliertheit auch die Unabhängigkeit (eine weitere Eigenschaft der Normalverteilung, die sie von anderen Verteilungen abhebt). Nur sollte man davon ausgehen, daß der Idealfall Normalverteilung in realen Problemen stets nur genähert auftritt und man damit mit der Gleichsetzung von Unkorreliertheit und Unabhängigkeit sorgfältig umgehen muß.

Auf weitere Ansätze zur Quantifizierung der Abhängigkeit, die z.B. mit den Namen Kendall und Spearman verbunden sind oder die sich mehr auf ordinale und nominale Merkmale beziehen, wird hier nicht eingegangen.

Dies gilt auch für Problemstellungen, die mit dem Begriff *Regression* zusammenhängen, wie lineare Regression, Regression nach einer Funktionsvorschrift, Regressionsgerade, Regressionskoeffizienten, Regressionslinien. Der Leser sei auf die vielfältige Literatur verwiesen, die es zu diesen Themen gibt.

3.1.3 Summen von Zufallsgrößen

In vielen versicherungsmathematischen Problemstellungen treten „zufällige" Einzelbeträge auf, die über einem Zeitabschnitt zu einem Gesamtbetrag addiert werden (z.B. Schadenssumme eines Kunden pro Jahr, Anzahl der Krankheitsausfalltage in einem Jahr). Nun ist aber rein numerisch und rechnerisch die Bildung von Summen von Zufallsgrößen in der Regel sehr schwierig. Nur im Falle der Normalverteilung (und im Falle „unendlich teilbarer Verteilungen") ist der Verteilungstyp der Summe von vornherein bekannt. Für Summen mit einer sehr großen Anzahl von Summanden gelten unter recht schwachen Voraussetzungen Grenzverteilungssätze mit der Normalverteilung als Grenzwert. Normalerweise ist jedoch in den Anwendungen die Anzahl der Summanden einer Summe verhältnismäßig klein, so daß spezielle Betrachtungen, wie sie im nachfolgenden in groben Zügen angestellt werden, schon erforderlich sind.

Es sollte festgehalten werden: generell gilt

$$E(X + Y) = EX + EY;$$

im Falle der Unabhängigkeit der Zufallsgrößen X und Y gilt außerdem:

$$E(XY) = EX \cdot EY$$

$$D^2(X + Y) = D^2X + D^2Y \tag{3.1}$$

für die Erwartungswerte und Varianzen, auch für mehr als zwei beteiligte Zufallsgrößen.

Es seien X_1, X_2, ..., X_n unabhängige Zufallsgrößen mit den Verteilungsfunktionen $F_1(x)$, $F_2(x)$, ..., $F_n(x)$. Zunächst sei die Anzahl n (deshalb noch der Kleinbuchstabe) dieser Zufallsgrößen nicht zufällig.

Definition 3.6:   *Die Verteilungsfunktion $G(x)$ der Summe der unabhängigen Zufallsgrößen $X_1, X_2, ..., X_n$,*

$$S_n = X_1 + X_2 + ... + X_n$$

heißt Faltung

$$G(x) = F_1(x) * F_2(x) * ** * F_n(x) = \prod{}^{*} F_k(x)$$

der einzelnen Verteilungsfunktionen.

Zunächst wird kurz gezeigt, wie zwei diskrete (wegen der Häufigkeit in den Anwendungen nichtnegativ ganzzahlige) Zufallsgrößen addiert werden. Es sei

$$p_k = P(X = k), \quad q_l = P(Y = l)$$

$$k = 0,1,2,...,m \text{ (oder } \infty), \quad l = 0,1,2,...,n \text{ (oder } \infty).$$

Dann gilt für die Verteilung der Summe $S = X + Y$:

$$P(S = r) = \sum_{i=0}^{r} p_i q_{r-i}, \quad r = 0,1,2,\dots \tag{3.2}$$

(wegen der vorausgesetzten Unabhängigkeit dürfen die Wahrscheinlichkeiten multipliziert und wegen Axiom III dürfen die Wahrscheinlichkeiten dann addiert werden). Das ist noch recht einfach, erfordert aber schon einen nicht geringen Rechenaufwand für Summen mit mehr als zwei Summanden.

Für die Summe S aus zwei absolutstetig verteilten und unabhängigen Zufallsgrößen X und Y (d.h. Dichtefunktionen sind vorhanden: $f_X(x), f_Y(x)$), gilt

$$f_S(x) = \int_{-\infty}^{\infty} f_X(y) f_Y(x - y)\,dy. \tag{3.3}$$

Auch hier ist im konkreten Falle der Rechenaufwand groß, von Ausnahmen, wie der Normalverteilung abgesehen.

Wir wenden uns nun kurz der zufälligen Anzahl von Summanden in einer Summe zu. Es sei N diejenige diskrete Zufallsgröße mit ganzzahligen nichtnegativen Werten, die die Anzahl der Summanden repräsentiert:

$$S_N = X_1 + X_2 + \dots + X_N.$$

Weiterhin betrachten wir den Sonderfall, daß alle X_k unabhängig und identisch verteilt sind (d.h. alle $X_1,\dots,X_N$ haben die gleiche Verteilung); inwieweit der Sonderfall im konkreten praktischen Fall angenommen werden darf, muß jeweils geklärt werden. An die Verteilung von S_N kommen wir auf folgende Art und Weise. Die diskrete Verteilung von N werde durch die Wahrscheinlichkeiten

$$p_k = P(N = k)$$

beschrieben. Für ein festes n beschreibt die n-fache Faltung der Verteilungsfunktion $F(x)$ mit sich selbst, also

$$F^{*n}(x) = F(x) * F(x) * \dots * F(x), \tag{3.4}$$

die wiederum eine Verteilungsfunktion ist, die Verteilung der Summe $X_1 + \dots + X_n$. Für $n = 0$ setzen wir $F^{*0}(x)$ als Einheitssprungfunktion an. Die Verteilung von S_N beschreiben wir mit der Verteilungsfunktion

$$G(x) = \sum_{n=0}^{\infty} p_n \cdot F^{*n}(x).$$

(3.5)

Der Faltungsprozeß ist im allgemeinen nicht geschlossen darstellbar. Es müssen Näherungsverfahren eingesetzt werden; auch die Simulation der Prozesse ist ein geeignetes Mittel zur näherungsweisen Beherrschung der Vorgänge. Für den poissonschen Fall, siehe sowohl Beispiel 3.4 als auch den Abschnitt 3.2, werden die Untersuchungen später fortgesetzt.

In den nachfolgenden Beispielen wird davon ausgegangen, daß die wichtigsten Verteilungen der Wahrscheinlichkeitsrechnung bekannt sind.

Beispiel 3.1: Die unabhängigen Zufallsgrößen X_1 und X_2 seien binomialverteilt mit den Parametern $(n = 2, p = 0.5)$ und $(n = 3, p = 0.3)$. Welche Verteilung hat die Summe $Z = X_1 + X_2$?
Ergebnis: Die Summe hat keine Binomialverteilung (der Leser möge beachten, daß eine Summe binomialverteilter unabhängiger Zufallsgrößen nur dann wiederum binomialverteilt ist, wenn der Parameter p unveränderlich bleibt). Z ist wie folgt verteilt:
$P(Z = 0) = 0.00675$; $P(Z = 1) = 0.06075$; $P(Z = 2) = 0.2115$; $P(Z = 3) = 0.3535$;
$P(Z = 4) = 0.28175$; $P(Z = 5) = 0.08575$, wie man schrittweise gemäß (3.2) für die einzelnen Werte wegen der Unvereinbarkeit und der Unabhängigkeit der jeweiligen Ereignisse ermitteln kann.

Beispiel 3.2: Die unabhängigen Zufallsgrößen X_k seien binomialverteilt mit den Parametern $(n = 2, p = 0.5)$. Die Anzahl N der Summanden in der Summe $Z = X_1 + ... + X_N$ sei wie folgt verteilt:
$P(N = 1) = 0.5$; $P(N = 2) = 0.5$. Wie ist die Summe Z verteilt?
Ergebnis: Zusammenstellung aller Möglichkeiten für die Werte von Z, bestehend aus einem oder zwei Summanden: 0, 1, 2, 3, 4. $P(Z = 0) = 5/32$, $P(Z = 1) = 12/32$, $P(Z = 2) = 10/32$, $P(Z = 3) = 4/32$, $P(Z = 4) = 1/32$.

Beispiel 3.3: Die unabhängigen Zufallsgrößen X_k seien poissonsch verteilt mit dem Parameter $\lambda = 1$. Welche Verteilung hat die Summe $Z = X_1 + X_2$?
Ergebnis: (Der Leser möge die Formel oder eine Tabelle für die Poissonverteilung zur Hand nehmen.) Über Eigenschaften des Binomialkoeffizienten gelangt man zu: die Summe ist poissonsch verteilt mit dem Parameter $\lambda = 2$.

Beispiel 3.4: Die unabhängigen Zufallsgrößen X_k seien poissonsch verteilt mit dem Parameter $\lambda = 1$. Die Anzahl N der Summanden in der Summe $Z = X_1 + ... + X_N$ sei wie folgt verteilt:
$P(N = 1) = 0.5$, $P(N = 2) = 0.5$. Wie ist die Summe Z verteilt?
Ergebnis: Wie in Beispiel 3.2, nur auf der Grundlage der Verteilungsformel für die Poissonverteilung: $P(Z = m) = (e^{-1} + e^{-2} 2^m)/ 2m!$

Für Erwartungswert und Varianz einer Summe mit zufälliger Anzahl von Summanden gilt

$$ES_N = EX \cdot EN$$

$$D^2S_N = D^2X \cdot EN + (EX)^2 \cdot D^2N. \tag{3.6}$$

Für die Berechnung von Faltungen und damit zur Beschreibung von Summen von Zufallsgrößen bilden auch die *charakteristischen Funktionen* sowie auch die *erzeugenden Funktionen der Verteilungen* ein wichtiges Mittel.

3.2 Stochastische Prozesse

3.2.1 Einführung

Ein Versicherungsvorgang ist stets ein Vorgang, der zeitlich abläuft. Da dieser Vorgang auf der Zeitschiene und/oder in den Geldwerten meist zufällig ist, liegt hier ein *stochastischer Prozeß* $\{X(t), t \in T\}$ vor. Ein stochastischer Prozeß ist eine Zufallsgröße (oder ein Zufallsvektor), deren Verteilung veränderlich ist. Da der stochastische (Versicherungs-)Prozeß auf der Zeitachse abläuft, gibt es eine Wechselwirkung zwischen den Werten des Prozesses in benachbarten Zeitpunkten. Aus diesem Grunde spielen die Probleme der Abhängigkeit, wie sie in Kapitel 3.1 behandelt wurden, hier eine wichtige Rolle.

Die Theorie der stochastischen Prozesse ist ein wichtiger Zweig der Wahrscheinlichkeitsrechnung; diese Prozesse bilden wichtige Modelle vieler Erscheinungen und Vorgänge in den Naturwissenschaften, in der Technik, in der Wirtschaft und zunehmend auch in den Geisteswissenschaften. Dazu kurz einige Beispiele: Geburts- und Todesprozesse - Bestand der Individuen einer Population, Warteschlangenprozesse, Temperaturverlauf in einem Medium, Brownsche Molekularbewegung, Oberfläche eines Werkstoffes - Reibung, Schmierung und Verschleiß. Nicht zuletzt sind auch versicherungsmathematische Probleme mit stochastischen Prozessen verbunden: Anzahl der Versicherungsnehmer, Sterbetafel, Schadensumfänge und Schadenszeitpunkte.

Für das Finanzwesen ist das Auf und Ab der Aktienkurse ein stochastischer Prozeß. Der aus den USA bekannte Dow Jones Industrial Average, kurz Dow Jones, wurde im Jahre 1884 von den Finanzjournalisten Charles Henry Dow und Edward Jones als Komprimat der 11 führenden Industrieaktien der New Yorker Börse zur verständlicheren Darstellung geschaffen; 1928 wurde diese Notierung auf 30 Werte, wie heute noch, ausgedehnt. In Deutschland ist ein solcher Aktienindex, bekannt unter dem Kurznamen DAX, erst sehr spät, im Jahre 1988, durch den Finanzjournalisten Frank Mella angeregt worden. Hier bilden ebenfalls 30 führende Industrieaktien die Grundlage. In weiteren Industrieländern werden solche Aktienindizes geführt. Aus diesen Daten werden nun, wie bei den stochastischen Prozessen entwickelt, Schlußfolgerungen abgeleitet, insbesondere Prognosen und Abhängigkeiten zwischen den einzelnen Aktienindizes.

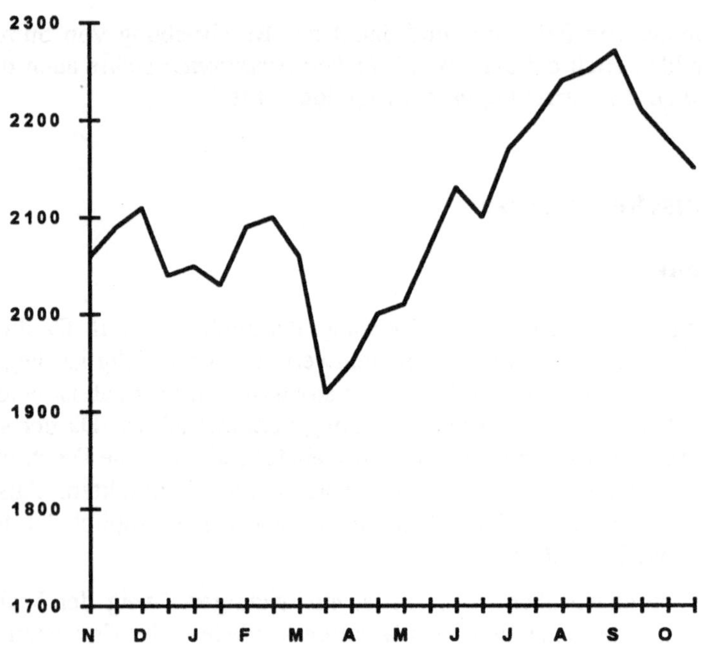

Bild 3.1: Deutscher Aktienindex (DAX)
(Nov. 1994 - Okt. 1995) auf halbe Monate geglättet

Ebenso sind die Wechselkurse zwischen einzelnen Währungen, sofern sie nicht ausdrücklich festgeschrieben sind, Beispiele für stochastische Prozesse. Der für den deutschen Markt wichtigste Wechselkurs ist der zwischen der Deutschen Mark und dem US-Dollar; dieses „Stimmungsbarometer" der Wirtschaft ist sicherlich jedem bekannt.

Jetzt wieder zurück zur theoretischen Beschreibung stochastischer Prozesse. Wie in der klassischen Analysis die Funktionen auch, sind die stochastischen Prozesse sehr vielgestaltig, so daß eine gewisse Ordnung geschaffen werden muß - ohne die geringste Aussicht, mit dieser Ordnung alle Erscheinungen einordnen zu können.

Für eine erste Unterscheidung der stochastischen Prozesse wichtig ist der Charakter der Menge T der Zeitpunkte (Parametermenge, Indexmenge), auf der dieser Prozeß abläuft. Ist T abzählbar, insbesondere die Menge G der ganzen Zahlen oder die Menge N (nicht zu verwechseln mit der zufälligen Anzahl N von Summanden in einer Summe von Zufallsgrößen!) der natürlichen Zahlen, dann heißt der Prozeß ein *stochastischer Prozeß mit diskreter Zeit.* Ist T die Menge R der reellen Zahlen oder eine Teilmenge davon, z.B. die Menge R^+ der nichtnegativen reellen Zahlen, dann heißt der Prozeß ein *stochastischer Prozeß mit stetiger Zeit.* Unter Einbeziehung des Ereignisraumes kann ein stochastischer Prozeß wie folgt geschrieben werden: $(X(t,\omega);\ t \in T,\ \omega \in \Omega)$ oder kürzer $X(t)$ oder X_t.

3.2.2 Poissonsche Prozesse

Je nach Anwendungsfall und mathematischer Ergiebigkeit sind andere Klassen stochastischer Prozesse entwickelt worden, so z.B. Prozesse mit unabhängigen Zuwächsen, Markoffsche Prozesse, Gaußsche Prozesse. Von besonderem Interesse ist beispielsweise der Poissonsche Prozeß.

> **Definition 3.7:** *Ein stochastischer Prozeß X(t) heißt (homogener) Poissonscher Prozeß mit der Intensität λ, wenn seine Zuwächse unabhängig sind und X(t) für festes t einer Poissonschen Verteilung unterliegt:*
>
> $$P(X(t)=n)=\frac{e^{-\lambda t}(\lambda t)^n}{n!} \qquad \text{für } n = 0,1,2,\ldots \text{ und } \lambda > 0.$$

Die unabhängigen Zuwächse sind dann ebenfalls poisson-verteilt mit Intensitäten, die von der Zeitdifferenz abhängen. Dies überträgt sich auch auf Erwartungswert und Varianz:

$$EX(t) = \lambda t$$
$$D^2 X(t) = \lambda t.$$

Wir verweisen noch auf zwei Verallgemeinerung des homogenen Poissonschen Prozesses. Zum einen kann die über alle Zeiten als konstant aufgefaßte Intensität λ auch zu einer zeitlich veränderlichen Intensität $\Lambda(t)$ werden, wobei dann allgemein gilt:

$$P(X(t)=n)=\frac{e^{-\Lambda(t)}\Lambda^n(t)}{n!}.$$

Ein solcher verallgemeinerter Poisson-Prozeß wird auch als *inhomogener Poissonscher Prozeß* bezeichnet. Für die Mittelwert- bzw. Varianzfunktion des inhomogenen Poissonscher Prozesses gilt:

$$EX(t) = M(t) = \Lambda(t); \qquad D^2 X(t) = V(t) = \Lambda(t).$$

Falls die Zuwächse doch nicht unabhängig sind, d.h. falls die Intensität λ von dem Zustand n des Prozesses abhängt, $\lambda = \lambda(n)$, dann ist die Wahrscheinlichkeitsverteilung des Prozesses nur unter speziellen günstigen Annahmen für $\lambda(n)$ beherrschbar. Ist z.B. der Zusammenhang zwischen λ und n linear, dann ist $X(t)$ negativ binomialverteilt.

Eine zweite Verallgemeinerung besteht darin, daß der Intensität λ eine Verteilung mit der Verteilungsfunktion U bzw. einer Dichtefunktion u unterstellt wird, d.h. daß λ eine Zufallsgröße Λ ist. Dann entsteht der sogenannte *gemischte Poissonsche Prozeß*

$$P(X(t) = n) = \int_0^\infty \frac{e^{-\lambda t}(\lambda t)^n}{n!} u(\lambda) d\lambda$$

oder

$$P(X(t) = n) = \int_0^\infty \frac{e^{-\lambda t}(\lambda t)^n}{n!} dU(\lambda).$$

Die Verteilungsfunktion U beschreibt die mischende Verteilung des Prozesses. Für Mittelwert- und Varianzfunktion ergeben sich

$$EX(t) = M(t) = tE\Lambda, \qquad D^2 X(t) = V(t) = t^2 D^2 \Lambda + tE\Lambda.$$

Auch hier ist die Wahrscheinlichkeitsverteilung des Prozesses $X(t)$ nur unter speziellen Annahmen für die Verteilung von Λ beherrschbar. Wird Λ eine Gammaverteilung unterstellt, dann ist $X(t)$ ein Polya-Prozeß, wobei auch hier die negative Binomialverteilung eine wesentliche Rolle spielt (siehe hierzu Spezialliteratur zur Wahrscheinlichkeitsrechnung).

Der Verfasser mutet dem Leser mit den letzten Formeln sicherlich sehr viel zu: es geht hier erstmals über den Rahmen eines Riemann-Integrals hinaus, denn es handelt sich um ein Stieltjes-Integral, in dem über die differentiell kleinen Zuwächse einer Funktion anstelle eines „normalen" Integrationsdifferentials (z.B. dx) integriert wird. Der interessierte Leser möge in geeigneten Lehrwerken der Wahrscheinlichkeitsrechnung weitere Aufklärung suchen. Dennoch sollte es nicht unerwähnt bleiben, da einige theoretisch anspruchsvolle Bücher zur Versicherungsmathematik bei der Nutzung der Stochastik das Stieltjes-Integral oder gar auch den Begriff der Funktionen mit beschränkter Variation benutzen.

Der Poissonsche Prozeß mit den oben beschriebenen Verallgemeinerungen dient zur Modellierung der Anzahl von Schäden pro Zeiteinheit in einer Sachversicherung. Die Höhen der einzelnen Schäden einer Sachversicherung können beispielsweise durch folgende Wahrscheinlichkeitsverteilungen modelliert werden:

- logarithmische Normalverteilung,
- Gamma-Verteilung,
- Beta-Verteilung,
- Pareto-Verteilung;

wiederum haben alle diese Modelle Vorteile und Nachteile. Der Leser sei auch hier auf die einschlägige Literatur zur Wahrscheinlichkeitsrechnung verwiesen.

Abschließend betrachten wir die in Formel (3.5) angegebene Verteilungsfunktion für eine Summe von zufällig vielen Summanden im poissonschen Fall. Dieses Problem tritt in der kollektiven Risikotheorie, siehe Abschnitt 5.3.3, später auf. Die stetige Verteilung der Summanden sei die Gammaverteilung mit den Parametern λ und α; hier deren Dichtefunktion:

$$g_X(x) = \begin{cases} \dfrac{\lambda^\alpha x^{\alpha-1}}{\Gamma(\alpha)} e^{-\lambda x} & \text{für} \quad x > 0 \\ 0 & \text{für} \quad x \le 0 \end{cases} \qquad \alpha, \lambda > 0.$$

Die diskrete (ganzzahlige) Verteilung der Anzahl der Summanden sei poissonsch mit der Intensität μ; hier deren Wahrscheinlichkeiten:

$$P(N = k) = \frac{\mu^k e^{-\mu}}{k!}, \qquad k = 0,1,2,\dots$$

Die Summe einer festen Anzahl n von gammaverteilten Summanden ist dann gammaverteilt mit den Parametern λ und αn. Da (3.5) nicht nur für die Verteilungsfunktion, sondern auch für die Dichtefunktion gilt, erhalten wir konkret

$$f(x) = \sum_{n=0}^{\infty} \frac{\mu^n e^{-\mu}}{n!} \cdot \frac{\lambda^{\alpha n} x^{\alpha n-1}}{\Gamma(\alpha n)} \cdot e^{-\lambda x}. \tag{3.7}$$

Beispiel 3.5: Untersuchen Sie die Verteilung für folgende Parameterwerte $\mu = 5, \lambda = 2, \alpha = 4$! Fertigen Sie eine Abbildung der betreffenden Dichtefunktion an!

Ergebnis: Es sei $\mu = 5$, d.h., der Erwartungswert der Anzahl der Summanden sei 5. Ein Summand in der Summe mit zufällig vielen Summanden habe den Erwartungswert 4; daraus folgt für $\lambda = 2$ der Parameterwert $\alpha = 4$. Damit hat in der Gammaverteilung auch die Varianz den Wert 4 bzw. die Standardabweichung den Wert 2. So könnten wir uns beispielsweise vorstellen, wenn wir in der Geldeinheit TDM = 1.000 DM rechnen, eine Schadenshöhe für einen Einzelschaden mit einem mittleren Wert von 2.000 DM und eine Standardabweichung von 1.000 DM. Der Stochastiker bzw. Statistiker kann sich unter solchen Angaben bereits ungefähre Vorstellungen über die Verteilung machen. In der nachfolgenden Abbildung ist die Gestalt der Dichtefunktion $f(x)$ des Gesamtschadens x in der Maßeinheit TDM ersichtlich.

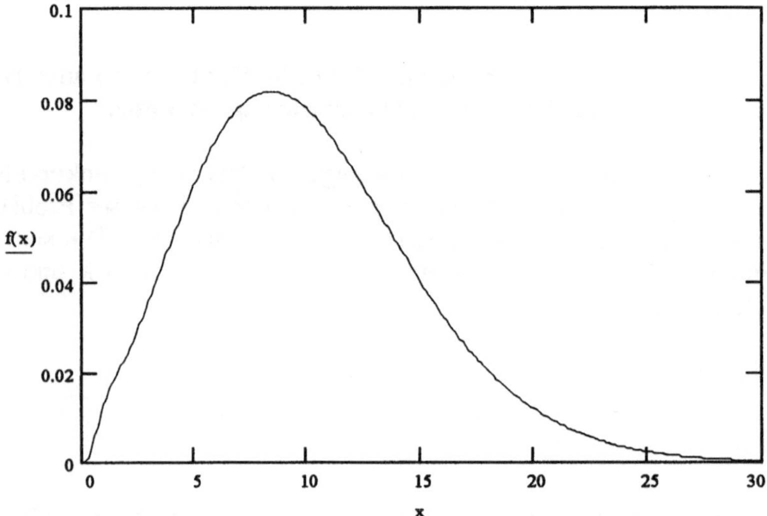

Bild 3.2: Dichtefunktion gemäß (3.7)

Aus den Formeln (3.4) folgen die Momente für die Gesamtsumme (später Gesamtschadenshöhe): Erwartungswert 10 bzw. 10.000 DM und Standardabweichung 5 bzw. 5.000 DM.

Mit rechentechnischen Hilfsmitteln lassen sich auch andere Beispiele mit gängigen Verteilungs- bzw. Dichtefunktionen auswerten. Das Hauptproblem ist immer nur, wie man die Faltungen bekommt. In [HIP] kann man dazu Anregungen erhalten einschließlich programmtechnischer Unterstützung.

4 Mathematische Modelle von Personen- und Sachversicherungen

4.1 Grundfragen der Versicherungsmathematik

Nahezu alle Bereiche des gesellschaftlichen Lebens sind mit dem Begriff Versicherung verbunden. Allein in den letzten zwanzig Jahren hat sich der Umfang der mit Versicherungen verbundenen Geldbewegungen verdreifacht. Auf jeden deutschen Einwohner kommen jährlich 2.500 DM an Ausgaben für Versicherungen. Und der Druck auf die Bürger nimmt noch zu. Man denke an die Flut verlockender Inserate zu den verschiedensten Versicherungsleistungen. Allein bei den Lebensversicherungen ist die Gesamtsumme im Jahre 1995 in Deutschland auf ca. 89 Milliarden DM, bei Kraftfahrzeugversicherungen auf 44 Milliarden DM, bei privaten Krankenversicherungen, private Pflegeversicherung inklusive, auf 32 Milliarden DM gestiegen.

Die historische Entwicklung der Versicherungsmathematik nahm ihren Anfang in der Lebensversicherung. England kann als das Mutterland der Versicherungsmathematik bezeichnet werden. Halley war wohl um 1695 der erste, der sich mit Sterbehäufigkeiten befaßte und eine Sterbetafel entwarf. Die Versicherungsgesellschaft „Equitable" wurde 1762 in London gegründet; sie verwendete erstmals Sterbetafeln und konnte damit aktuelle bevölkerungsstatistische Daten einbeziehen. Die Versicherungstarife wurden damit auch für den Versicherungsnehmer gerechter und für den Versicherer eine treffendere Grundlage für den Ausgleich des Risikos.

Die Versicherungspraxis, mit den zwei großen Bereichen Personenversicherung und Sachversicherung, ist auf den Schutz vor finanziellen Folgen bei Unfall, Schaden (Haftpflicht, Wasser, Feuer, Brand, Naturkatastrophen usw.), Diebstahl, Tod, Krankheit, Invalidität, Berufsunfähigkeit, Heirat u. dgl. mehr orientiert. Dabei ist die Personenversicherung, insbesondere die Lebens- und Rentenversicherung, gut ausgearbeitet. Seit Jahrhunderten wird die Sterblichkeit des Menschen beobachtet, erforscht und numerisch-statistisch wiedergegeben. Ganz im Gegenteil zur Sachversicherung, bei der es auf die Unversehrtheit von Gütern und des Vermögens ankommt. Die Verschiedenartigkeit der Untersuchungsobjekte und die vielen Besonderheiten ihrer Versicherungswürdigkeit lassen keine geschlossene Darstellung zu. Besonders spürbar erleben das die Bürger im Zusammenhang mit der Kraftfahrzeug-Haftpflichtversicherung, über deren Gefüge beide, Versicherer und Versicherter, klagen.

Während die Personenversicherung, insbesondere die Lebensversicherung, nach klassischer Art und Weise ein deterministisches Modell auf der Grundlage einer „großen" statistischen Gesamtheit mit gleichartigen Vorgängen verwendet, muß die Sachversicherung aufgrund der großen Unterschiede der Vorgänge auf die Wahrscheinlichkeitsrechnung unbedingt zurückgreifen. Das durch den Zufall verursachte Risiko in der Sachversicherung spielt hier eine bedeutend größere Rolle als in einer Lebensversicherung. Andererseits sind Verfahren und Modelle der Wahrscheinlichkeitsrechnung (Stochastik) komplizierter und festlegbar als deterministische Betrachtungsweisen. Dies hat insgesamt dazu geführt, daß zur Lebensversicherung bereits ein beträchtlicher theoretischer und verfahrenstechnischer Fundus existiert, während die Sachversicherung ungleich schlechter abschneidet. Das drückt sich auch in der wissenschaftlichen Literatur und im Lehrbuchangebot aus.

Die Versicherungsmathematik ist ein spezielles Gebiet der Finanzmathematik; sie benutzt eben deren Methoden, wie die arithmetischen und geometrischen Folgen und Reihen, sowie auch Elemente der Wahrscheinlichkeitsrechnung und der mathematischen Statistik. Unumgänglich ist auch der Hinweis auf numerische Verfahren zur Lösung von Gleichungen.

Die Versicherungsmathematik hat zum Inhalt:

- Kalkulation der Versicherungsbeiträge und Tarife,

- mathematische Modellierung der einzelnen Versicherungsformen,

- Analyse des Gewinns, der Überschüsse und des Geschäftsergebnisses,

- Analyse der Stabilität (Rücklagen).

Langjährige Beobachtungen, Erfahrungen und Erkenntnisse führen zu quantifizierten und wissenschaftlich begründeten Annahmen über den zukünftigen Verlauf eines Versicherungsprozesses. Zwar weiß man, daß ältere Menschen anfälliger sind als jüngere Menschen, aber wann genau der Tod eintritt, kann niemand vorhersagen. Die Versicherungswirtschaft beschäftigt sich mit solch ungewissen Ereignissen, die zu unzumutbaren Folgen führen. Deshalb ist sie daran interessiert, für solche versicherungswürdigen Ereignisse im Lebensbereich die statistischen Gesetzmäßigkeiten zu erkunden. Auch wenn die Extrapolation auf die Zukunft zu statistischen Abweichungen führt, müssen Versicherungsbeiträge, Versicherungsleistungen und Geschäftsgewinne kontrollierbar und fiskalisch unanfechtbar, für den Versicherten gerecht und für den Versicherer hinsichtlich des Geschäfts motivierend sein. Die Berechnungsgrundlagen sind so festzusetzen, daß die Versicherungsleistungen aus den eingenommenen Beiträgen über einen großen Zeitabschnitt erfüllt werden können, ohne daß das Versicherungsunternehmen „in die Knie geht". Die große Verantwortung der Versicherer steigt noch dadurch, daß sie in vielen Fällen auch zum Verwalter großer Geldmengen werden, wie z.B. in Kapitallebensversicherungen.

4.2 Bevölkerungsstatistische und biometrische Grundlagen

Die Bevölkerungsstatistik erhebt insbesondere die aktuelle Größe der Bevölkerung eines Landes (oder einer Region, einer Stadt, der ganzen Erde usw.), deren Wachstum, deren Gliederung nach Geschlecht, nach Altersgruppen oder Lebensjahren, nach sozialen Gesichtspunkten, nach der Tätigkeit sowie auch als deren Funktion in der Zeit (Zeitreihe). Offenbar sind alle auftretenden Größen Zufallsgrößen; ihre zukünftigen Werte sind nicht vorhersehbar. Das ist auch das spezifische Problem der Versicherungswirtschaft.

4.2.1 Grundlegende Merkmale einer Population

In jeder Ausgabe des Statistischen Jahrbuches der Bundesrepublik Deutschland sind einschlägige Angaben zur Bevölkerungsentwicklung zu finden. Wir fassen die verwendeten Begriffe kurz zusammen.

Es sei B_x die Bevölkerungsgröße zu Beginn des Jahres x. Dann heißt $B_{x+1} - B_x$ *Zuwachs* der Bevölkerung innerhalb des Jahres x.

Definition 4.1:

jährliche Wachstumsrate: $\qquad\qquad\qquad r_x = \dfrac{B_{x+1} - B_x}{B_x}$

jährliche prozentuale Wachstumsrate: $\qquad 100 r_x$

mittlere jährliche Wachstumsrate: $\qquad\quad \bar{r} = \sqrt[n]{\dfrac{B_{x+n}}{B_x}} - 1$

Da sich die Entwicklung der Bevölkerungsgröße nicht sprunghaft am Jahresende vollzieht, sondern kontinuierlich auf das gesamte Jahr verteilt, soll zur Kennzeichnung dessen eine geometrische Folge betrachtet werden:

$$B_{x+1} = B_x \cdot e^{\lambda_x} \, .$$

Dann heißt λ_x *stetige jährliche Wachstumsrate*. Da der Zeitabschnitt „1 Jahr" bevölkerungsstatistisch nicht groß ist, sind auch r_x bzw. λ_x „klein", und deswegen dürfen Näherungsformeln verwendet werden:

$$e^{\lambda_x} \approx 1 + \lambda_x + \ldots = 1 + r_x$$
$$\lambda_x \approx r_x \, .$$

Definition 4.2:

stetige jährliche Wachstumsrate: $\qquad\qquad \lambda_x = \ln(\dfrac{B_{x+1}}{B_x})$

mittlere stetige Wachstumsrate: $\qquad\qquad \overline{\lambda} = \dfrac{1}{n} \ln(\dfrac{B_{x+n}}{B_x})$

Weitere verfeinerte Maßzahlen einer Population in einem festen Territorium sind:

- die Anzahl der Sterbefälle im Jahr x: S_x

   Sterberate: $\dfrac{S_x}{B_x}$

- die Anzahl der Geburten im Jahr x: G_x

   Geburtenrate: $\dfrac{G_x}{B_x}$

- die Anzahl der Einwanderer im Jahr x: E_x

   Einwanderungsrate: $\dfrac{E_x}{B_x}$

- die Anzahl der Auswanderer im Jahr x: A_x

   Auswanderungsrate: $\dfrac{A_x}{B_x}$

Offenbar beschreibt

$$B_{x+1} - B_x = -S_x + G_x + E_x - A_x$$

die Gesamtveränderung der Bevölkerungsgröße in einem Jahr. Besondere Aufmerksamkeit verdient in den späteren Überlegungen zur Lebensversicherung die Sterberate, die im Gegensatz zur Bevölkerungsstatistik abweichend definiert wird.

4.2.2 Der Lebensbaum

Für die Lebensversicherungswirtschaft sind die Merkmale *Alter* und *Geschlecht* die Populationsmerkmale mit der höchsten Priorität. Wenn man die Altersstruktur einer Bevölkerung in verschiedenen Zeiträumen betrachtet - wir werden das hier mit dem Lebensbaum (Alterspyramide) darstellen - , wird man beträchtliche Veränderungen feststellen.

Der Lebensbaum ist die anschauliche Darstellung der Bevölkerungsgröße nach Jahrgängen und Geschlecht, in Form zweier querliegender Säulendiagramme (Histogramme).

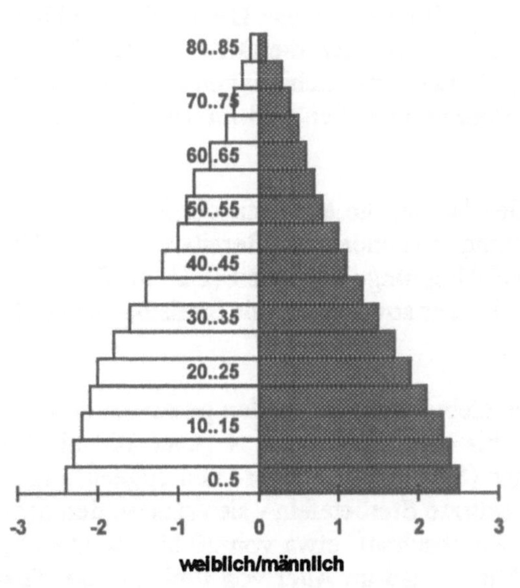

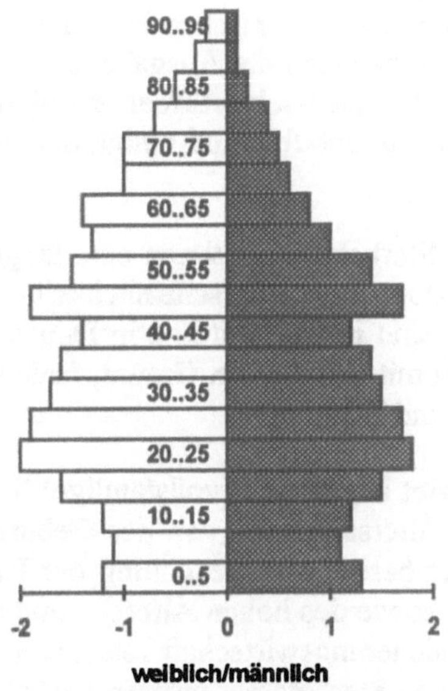

Bild 4.1:   Lebensbaum 1910   Lebensbaum 1987
      (nach: ADAC-Zeitschrift 5/1994)   (nach: Statistisches Jahrbuch 1988)

Während der Lebensbaum aus dem Jahre 1910 fast pyramidal aussieht, ist der aktuelle Lebensbaum eingeschnürt durch Geburtenausfälle, die durch den 1.Weltkrieg, die Weltwirtschaftskrise und durch den 2.Weltkrieg verursacht wurden. Außerdem ist im Lebensbaum eine Ungleichverteilung wegen der Gefallenen (Männer) des 2.Weltkrieges sichtbar; man spricht hier von einem Frauenüberschuß. Ein leichter Männerüberschuß hingegen ist wegen der sog. Sexualproportion - es traten in den letzten Jahrzehnten in Mitteleuropa beständig mehr männliche Geburten als weibliche Geburten auf - sichtbar. Letztendlich ist der Lebensbaum deformiert durch den drastischen Geburtenrückgang insgesamt seit etwa 1970. Insofern ist der heutige Lebensbaum eine Katastrophe und gar nicht gut modellierbar für die Belange des Lebensversicherungswesens. Die Bevölkerung darf zwar auf eine höhere Lebenserwartung hoffen, doch die Gestalt des Lebensbaumes weist auf eine beträchtlich zugenommene Instabilität des Lebensrhythmus.

4.2.3 Sterbetafeln

Während der Lebensbaum eine „Blitzlichtaufnahme" der aktuellen Altersstruktur der Bevölkerung ist, sind die Sterbetafeln Ausdruck der dynamischen Entwicklung der Gesamtbevölkerung oder eines Bevölkerungsteiles über einige Jahre hinweg. In Sterbetafeln sind, getrennt nach Geschlecht, die (in der Regel auf 100.000 normierten) Häufigkeiten für das Erreichen eines Alters x, gerechnet von einem gewissen Anfangsalter an, oder die statistischen Häufigkeiten für Sterbefälle enthalten. Sie sind in den Statistischen Jahrbüchern für die Bundesrepublik Deutschland publiziert. Wir verwenden die Ausgabe des Jahrbuches 1994 bzw. die DAV-Sterbetafeln 1994 (DAV ... Deutsche Aktuarvereinigung) für Lebensversicherungen für den Todesfall; diese Sterbetafeln und einige daraus abgeleitete Größen sind im Tabellenanhang zu finden.

Die Sterbetafeln besitzen eine lange Geschichte, die auch mit der klassischen Entwicklung der Wahrscheinlichkeitsrechnung verbunden ist. Bereits im 17. Jahrhundert sind in England und in Deutschland Ursprünge zu finden (z.B. im Zusammenhang mit den Namen Graunt, Halley und Euler sowie auch mit Statistikern wie Zeuner und Becker).

Es gibt allgemeine (vollständige) Sterbetafeln - sie erfassen den gesamten erreichbaren Altersabschnitt von der Geburt an bis zum Höchstalter A (über 100 bis 110), unter besonderer Beachtung der Ränder (Säuglings-, Kinder- und Jugendsterblichkeit sowie des hohen Alters) - und abgekürzte Sterbetafeln - sie erfassen den für die Versicherungswirtschaft relevanten Lebensabschnitt, etwa von 20 bis 90. Die allgemeinen Sterbetafeln müssen berücksichtigen, daß im Alter von 0 bis 20 die „Glattheit" der Sterblichkeitskurve nicht vorhanden ist bzw. im hohen Alter wegen geringer Stichprobenumfänge nur eine geringe statistische Sicherheit gegeben ist.

Die Versicherungsgesellschaften greifen heute vielfach auf Sterbetafeln zurück, die auf die Gesamtbevölkerung des Landes zugeschnitten sind. Im besonderen Falle wäre es natürlich für die Versicherung angemessen, nur die statistischen Daten genau derjenigen Versicherungsnehmer zu verwenden, die auch versichert sind. Diese Bevölkerungsgruppe hat meist spezifische bevölkerungsstatistische Eigenschaften. So kommt es auch, daß Sterbetafeln für Lebensversicherungen auf den Todesfall, auf den Erlebensfall, Sterbetafeln bei Berufsunfähigkeit sowie Sterbetafeln für Rentenversicherungen usw. existieren. Damit Manipulationen und Eigenmächtigkeiten weitestgehend vermieden werden, sind Aufsichtsbehörden geschaffen worden, die über den regulären Umgang mit den versicherungstechnischen Unterlagen (da es letztendlich immer um's Geld geht) wachen.

Bei der Verwendung der Sterbetafeln und in der Versicherungsmathematik werden folgende Daten erfaßt und Bezeichnungen benutzt:

Definition 4.3:

    Anzahl der Überlebenden des Alters x: $\qquad\qquad\qquad\qquad l_x$
        (*normiert auf* 100.000)

    Anzahl der im Altersintervall [x,x+1] Gestorbenen: $\qquad d_x = l_x - l_{x+1}$

    einjährige Sterbewahrscheinlichkeit eines x-jährigen: $\qquad q_x = \dfrac{d_x}{l_x}$

    einjährige Überlebenswahrscheinlichkeit eines x-jährigen: $\quad p_x = 1 - q_x$

Offenbar reicht die Größe l_x zur Darstellung des Sterblichkeitsverhaltens einer Bevölkerungsgruppe; alle anderen Größen sind abhängig, werden aber wegen der besonderen Aussagekraft meist auch aufgeführt.

Die statistische Erfassung der Sterbewahrscheinlichkeiten bringt zunächst Verläufe, die noch recht „uneben" sind. Zur Glättung werden Methoden der numerischen Mathematik angewandt: für einen ersten Abschnitt bis zum Ende des Jugendalters, die Säuglingssterblichkeit ausgenommen, werden die Logarithmen der Sterbewahrscheinlichkeiten durch Parabeln höheren Grades, z.B. 7.Grades, geglättet. Die mittleren Lebensjahre werden mit gleitenden Durchschnitten unter Einbeziehung von 9 bis 15 Punkten behandelt. Im hohen Lebensalter bis zum festgelegten Höchstlebensalter werden wiederum die Logarithmen der Sterbewahrscheinlichkeiten durch Parabeln 2.Grades geglättet; für eine Extrapolation über das gesetzte Höchstlebensalter hinaus kann hieraus eine entsprechende „Sättigungskurve" entwickelt werden.

Für die Nutzung der Sterbetafel ist daran zu denken, daß die Sterbezeitpunkte über das ganze Jahr verteilt sind. Dies präzise zu erreichen, ist nicht ganz einfach. Wir wollen der Einfachheit halber von einer gleichmäßigen Verteilung der Sterbezeitpunkte über das ganze Jahr ausgehen; dazu vereinbaren wir für spezielle weitere Problemstellungen

$$\tilde{l}_x = \frac{l_x + l_{x+1}}{2}\ .$$

Damit werden gewisse Stützstellen auf die Mitte eines Betrachtungsjahres verlagert. Auf dieser Grundlage ergibt sich beispielsweise die *mittlere Restlebensdauer eines x-jährigen* zu

$$e_x = \frac{1}{2} + \frac{1}{l_x} \sum_{k=x+1}^{w} l_k\ , \tag{4.1}$$

wobei w eine Altersobergrenze ist, die durch die Sterbetafel auch ausgewiesen wird. Hieraus folgt für die *mittlere Lebenserwartung eines x-jährigen*

$$w_x = x + e_x\ . \tag{4.2}$$

Es sind folgende weiteren Größen in Untersuchungen zweckmäßig, die mit der Sterblichkeit zusammenhängen, die sogenannten *Kommutationszahlen*, z.B. D, N, S, für die Überlebenden bzw. C, M und R für die Verstorbenen. Sie berücksichtigen unmittelbar das Äquivalenzprinzip der Finanzmathematik. An der Entwicklung und Nutzung der Kommutationszahlen waren Euler, Dale und Tetens maßgeblich beteiligt.

Die Kommutationszahlen sind abhängig vom vereinbarten Zinssatz, von der verwendeten Sterbetafel und vom angenommenen Ende des Betrachtungszeitraumes (höchstes Lebensalter der Sterbetafel; wir werden hier generell vom gegenwärtigen marktüblichen Zinssatz im Versicherungswesen von 4% ausgehen). Die Kommutationszahlen sind umgehend einsetzbar für Berechnungen in Lebensversicherungen.

4.2.4 Rechnen mit Sterbewahrscheinlichkeiten

In der in diesem Buch verwendeten *DAV-Sterbetafel 1994 T* (die wir des Umfangs des Tabellenanhangs halber nicht nur für Lebensversicherungen auf den Todesfall, sondern auch für andere Ausscheidegründe benutzen) sind die Sterbewahrscheinlichkeiten q primär vorgegeben. Daraus errechnen sich die anderen Kenngrößen wie folgt (in Erweiterung der Definition 4.3):

Definition 4.4: Kenngrößen aus Sterbetafeln und ihre Zusammenhänge

q_x — *Sterbewahrscheinlichkeit im Lebensjahr x*

r, v — *Auf- bzw. Abzinsungsfaktor*

w — *mögliches Höchstalter in der Sterbetafel*

$l_0 = 100.000$ — *übliche Normierung*

$l_{x+1} = l_x \cdot (1 - q_x)$ — *Überlebende im x-ten Lebensjahr*

$D_x = \dfrac{l_x}{r^x} = l_x \, v^x$ — *diskontierte Zahl der Überlebenden*

$d_x = l_x - l_{x+1}$ — *Anzahl der im (x+1)-ten Lebensjahr Gestorbenen*

$C_x = \dfrac{d_x}{r^{x+1}} = d_x \, v^{x+1}$ — *diskontierte Zahl der Gestorbenen*

$N_x = \displaystyle\sum_{i=x}^{w} D_i$ — *Summe der diskontierten Zahlen der Überlebenden*

$S_x = \displaystyle\sum_{i=x}^{w} N_i$ — *Summe der diskontierten Zahlen der Überlebenden „2.Ordnung"*

$M_x = \displaystyle\sum_{i=x}^{w} C_i$ — *Summe der diskontierten Zahlen der Gestorbenen*

$R_x = \displaystyle\sum_{i=x}^{w} M_i$ — *Summe der diskontierten Zahlen der Gestorbenen „2.Ordnung"*

$e_x = \dfrac{1}{l_x} \cdot \displaystyle\sum_{i=x}^{w} l_i$ — *Restlebensdauer eines x-jährigen*

$w_x = x + e_x$ — *Gesamtlebensdauer eines x-jährigen*

Dabei sind C, D, M, N, R und S die bereits erwähnten Kommutationszahlen. Die bereits angedeuteten Korrekturen einzelner Formeln hinsichtlich möglicher Ungleichmäßigkeiten im Jahresablauf sind in der Definition 4.4 nicht aufgenommen worden.

Zur Erleichterung des Umgangs beim Rechnen mit den Kommutationszahlen werden folgende Formeln gegeben, die sich aus der Definition 4.4 ergeben.

Formeln für die Kommutationszahlen:

$$\sum_{i=x}^{x+n-1} D_i = N_x - N_{x+n} \qquad\qquad \sum_{i=x}^{x+n-1} C_i = M_x - M_{x+n}$$

$$S_x = \sum_{i=x}^{w} (1+i)\,D_i \qquad\qquad R_x = \sum_{i=x}^{w} (1+i)\,C_i$$

$$C_x = vD_x - D_{x+1} \qquad M_x = D_x - (1-v)N_x \qquad R_x = vS_x - S_{x+1}$$

Die Kommutationszahlen C, M und R sind auf das Ende des Sterbejahres bezogen; damit kommen auch die Zahlungen immer erst zu diesen Zeitpunkten zur Wirkung. Zur Glättung dieses Vorganges - damit die Zahlungen unmittelbar nach dem Todesfall erfolgen können - sind die folgenden Korrekturen zu empfehlen:

$$\overline{C}_x = \sqrt{1 + \frac{p}{100}}\,C_x, \qquad \overline{M}_x = \sqrt{1 + \frac{p}{100}}\,M_x, \qquad \overline{R}_x = \sqrt{1 + \frac{p}{100}}\,R_x \;.$$

In **verkürzten Sterbetafeln** beginnt die Auflistung mit einem von 0 verschiedenen Lebensjahr B und/oder einem von der (vollständigen) Sterbetafel (DAV-Sterbetafel 1994 T) abweichenden Höchstalter w. (Die Wahl des Höchstalters w ist an die statistischen Konsequenzen gebunden: die Anzahl von Lebenden in den allerhöchsten Lebensjahren ist außerordentlich gering und damit statistisch ziemlich instabil - das nachweislich höchste erreichte Lebensalter wird der derzeit noch lebenden Französin Jeanne Calment, geb. 1875, sowie der Japanerin Shigechiyo Izumi, 1865-1986, zugeschrieben.)

Verkürzte Sterbetafeln sind deshalb gebräuchlich, da für einige Anwendungszwecke, z.B. Lebensversicherungen für Menschen in der Berufstätigkeit oder Versicherungen auf Berufsunfähigkeit, nur „mittlere" Jahrgänge benötigt werden. Wir geben deshalb im Tabellenanhang eine aus der vollständigen Sterbetafel abgeleitete verkürzte Sterbetafel mit dem Beginn $B = 20$ und dem Ende $w = 90$ an. In diesem Falle startet der Vorgang mit $l_B = 100.000$; die anderen Kenngrößen können, wie in Definition 4.4 beschrieben, aufgelistet werden.

Mit den gegebenen Sterbewahrscheinlichkeiten können weiterhin folgende Größen berechnet werden:

> **Abgeleitete Sterbe- und Überlebenswahrscheinlichkeiten:**
>
> $$p_{xy} = \prod_{i=x}^{y-1}(1-q_i)$$
> *Wahrscheinlichkeit dafür, daß ein x-jähriger das Lebensjahr y überlebt*
> *(mehrjährige Überlebenswahrscheinlichkeit)*
>
> $$q_{xy} = 1 - p_{xy}$$
> *Wahrscheinlichkeit dafür, daß ein x-jähriger in den Lebensjahren x...y stirbt*
> *(mehrjährige Sterbenswahrscheinlichkeit)*
>
> *andere Schreibweisen:*
>
> $$_t q_x = q_{x,x+t} \qquad _1 q_x = q_x$$
> $$_t p_x = p_{x,x+t} = 1 - {_t q_x} \qquad _1 p_x = p_x$$
>
> $$_{s/t} q_x = {_{s+t} q_x} - {_s q_x}$$
> *Wahrscheinlichkeit dafür, daß ein x-jähriger die kommenden s Jahre lebt und dann innerhalb von t Jahren stirbt*

Es gelten folgende Formeln, die stochastische Unabhängigkeit des Sterbeverhaltens in aufeinanderfolgenden Jahren vorausgesetzt:

$$p_{xy} = p_x \cdot p_{x+1} \cdots p_{y-1}$$

$$p_{xy} = \frac{l_y}{l_x}. \tag{4.3}$$

Beispiel 4.1: Wie groß ist die Wahrscheinlichkeit dafür, daß ein 25jähriger, jetzt heiratender Mann seine goldene Hochzeit (50 Ehejahre) erlebt?
Ergebnis: Dazu braucht man l_{25} und l_{75}; aus dem Quotienten folgt: 0,4550.

Beispiel 4.2: Wie groß ist die Wahrscheinlichkeit dafür, daß ein 25jähriger Mann und seine 22-jährige Frau, die beide jetzt geheiratet haben, gemeinsam ihre goldene Hochzeit erleben können?
Ergebnis: Die in Beispiel 4.1 errechnete Wahrscheinlichkeit für den Mann ist (gemäß bekannter elementarer Gesetze der Wahrscheinlichkeitsrechnung) mit der analogen Wahrscheinlichkeit für die Frau, l_{72}^{F}/l_{22}^{F}, zu multiplizieren. Nehmen Sie hierzu die Sterbetafel für die Frau zu Hilfe!

Beispiel 4.3: Üblicherweise kommen die Kinder mit 6 Jahren zur Schule. In welchem (mittleren) Lebensalter wird bei einem Klassentreffen festgestellt, daß die Hälfte (in der Statistik der Median) der damaligen (männlichen) Schulanfänger bereits gestorben ist?
Ergebnis: Mit 74 Jahren.

Es ist zu beachten, daß diese Probleme eigentlich so nicht zu beantworten sind, denn die Sterbewahrscheinlichkeiten haben sich im Verlaufe der Jahrzehnte verändert: die Sterbewahrscheinlichkeit eines heute 6jährigen ist sicherlich kleiner als eines 6-jährigen vor ca. 70 Jahren. Daraus folgt, daß alle unsere Betrachtungen und numerischen Werte entweder nur Augenblickscharakter haben oder durch die zeitliche Entwicklung verzerrt sind.

4.2.5 Zur Entstehung der Sterbetafeln

Untersuchungen über die Sterblichkeit sind als Grundlage von Lebens-, Pensions- und Rentenversicherungen unerläßlich; der Versicherungsmathematiker hat sich mit den bevölkerungsstatistischen und biometrischen Problemen im Zusammenhang mit der Sterblichkeit zu beschäftigen. Das Haupthindernis ist, daß sich die Sterbewahrscheinlichkeiten nicht direkt beobachten lassen. Es können nur kleinere Gruppen der Bevölkerung innerhalb eines kleineren Zeitabschnittes ausgezählt werden. Wegen

- der begrenzten Stichprobe,
- der begrenzten Zeitspanne,
- Wanderungsbewegungen der Bevölkerung,
- epidemischer Vorfälle,
- meteorologischer Einflüsse,
- jahreszeitlicher Einflüsse usw.

werden die statistischen Daten mehr oder weniger, aber zumindest höchst unkontrollierbar, beeinflußt. Deswegen besteht permanent das Bedürfnis, die Sterblichkeitsdaten zu präzisieren. Hinzu kommt, daß der Lebensbaum des (hier: unseres) Volkes sehr unförmig gebaut ist und die Lebenserwartung immer größer wird. Die Sterblichkeit ist ein Zufallsproblem und an die biologischen und erblichen Anlagen des Menschen geknüpft.

Im Versicherungswesen muß man davon ausgehen, daß alle Menschen, alle Versicherungsnehmer, statistisch gleich und ohne individuelle Unterschiede sind. Ob ein Mensch in einem Zeitabschnitt stirbt oder diesen überlebt - wir sind nicht in der Lage, dies zweifelsfrei zu dokumentieren.

Bevölkerungsstatistik und Versicherungsmathematik haben Methoden zur Erstellung von Sterbetafeln entwickelt und ständig verfeinert. Es gibt Ansätze nach der Geburtsjahrmethode, nach der Sterbejahrmethode und nach der Verweildauermethode; es gibt Vor- und Nachteile jeder Methode, und man versucht, kleinlich die Unstimmigkeiten zu beseitigen. Das führt jedoch nicht an den möglichen Einflüssen der Verfälschung, wie sie oben genannt wurden, vorbei.

Mit anspruchsvollen numerischen Verfahren werden die statistischen Daten geglättet (mit Näherungsfunktionen und -kurven, mit Splines, mit Glättungsverfahren verschiedenster Ordnung). Weil diese Aktivitäten nicht nur wissenschaftlichen, sondern auch wirtschaftlichen und finanziellen Wert haben, sind sie stets umstritten, und es wird, wie bereits erwähnt, immer versucht, Konsens und Anerkenntnis zu finden.

4.2.6 Zweidimensionale Sterbetafeln

Der Normalfall ist, daß eine Sterbetafel Auskunft gibt über das Sterbeverhalten der Bevölkerung (oder einer bestimmten Bevölkerungsgruppe) zu einem festen Zeitpunkt. Die bisher in größeren Abständen erschienenen Sterbetafeln verdeutlichen jedoch, daß die Daten sich verändern, insbesondere: die Lebenserwartung wird immer größer. Um diese Dynamik auch zu erfassen, wäre eine Sterbetafel erforderlich, die eine Verschiebung des Betrachtungszeitpunktes zuließe. Neben dem Lebensalter x sollte auch die Veränderlichkeit der Sterbewahrscheinlichkeiten dargestellt werden. Dies kann über eine zweidimensionale Sterbetafel erreicht werden, in der als zweite unabhängige Veränderliche das Geburtsjahr t der Person verwendet wird, also

$$q_x^t = T(x,t) \cdot q_x \ ,$$

wobei q_x eine herkömmliche Sterbetafel darstellt. Der Faktor $T(x,t)$ ist ein Trendfaktor, der die Veränderlichkeit der Sterbewahrscheinlichkeiten über eine längere Zeit nachbilden soll. Es wurde eine *DAV-Sterbetafel 1994 R* für die Zwecke der Rentenversicherung veröffentlicht, in der für die Sterbewahrscheinlichkeiten q_x eine *Basistafel 2000* mit den Sterbewahrscheinlichkeiten q_x^B benutzt wird (die sich von der DAV-Sterbetafel 1994 T für Lebensversicherungen im Todesfall unterscheidet) und für den *Trendfaktor* ein Exponentialausdruck mit veränderlichem Exponenten steht:

$$q_x^t = e^{-F(x)\cdot(t+x-2000)} \cdot q_x^B \ .$$

Die Funktion $F(x)$ ist ebenfalls tabelliert (von 0..110). Die betreffenden Tafeln sind, für Männer und Frauen, im Tafelanhang zu finden, neben einigen Abbildungen, die den Verlauf der Sterbewahrscheinlichkeiten für einen festen Wert t, das Geburtsjahr, und andererseits für einen festen Wert x, das Lebensalter, darstellen. Beim Vergleich der Tafeln und der Abbildungen stellt man leicht fest, daß bei den Daten im höheren Lebensalter erhebliche Differenzen auftreten, insbesondere bei den einjährigen Sterbewahrscheinlichkeiten für Personen, die mehr als 90 Jahre alt sind. An dieser Stelle dürfte die durch die zweidimensionale Sterbetafel vermittelte „Extrapolation" ins hohe Lebensalter nicht real sein.

4.3 Überlebens- und Sterblichkeitsfunktionen

4.3.1 Das stetige Modell

Bisher haben wir alle Größen in Jahresschritten betrachtet, wobei schon die Frage nahelag, wie denn innerhalb eines Jahres zu modellieren sei. Wir wollen jetzt alle die Lebensversicherung betreffenden Größen als stetige Größen betrachten; gleichzeitig soll der in Kapitel 3 vorbereitete Apparat der Wahrscheinlichkeitsrechnung angewendet werden.

Es sei T_x die zukünftige Lebensdauer eines (bzw. einer) x-jährigen Mannes (bzw. einer Frau), d.h., der Tod dieser Person tritt im Alter $x+T_x$ ein. T_x ist eine Zufallsgröße mit der (von Natur aus stetigen) Verteilungsfunktion

$$Q_x(t) = P(T_x < t) \tag{4.4}$$

und der Dichtefunktion

$$q_x(t) = Q_x{'}(t). \tag{4.5}$$

Für die einjährige Sterbewahrscheinlichkeit gilt also

$$q_x = Q_x(1), \tag{4.6}$$

d.h., die von uns benutzte Sterbetafel ist eine diskrete Tabelle von $Q_x(1)$ für ganzzahlige x; für die t-jährige Sterbewahrscheinlichkeit eines x-jährigen gilt

$$_t q_x = Q_x(t). \tag{4.7}$$

(Unterscheiden Sie bitte $q(t)$ und q in (4.4) und (4.5) recht sorgsam!)
Andererseits gilt für die ein- bzw. t-jährige Überlebenswahrscheinlichkeit eines x-jährigen

$$\begin{aligned}
p_x &= 1 - q_x = 1 - Q_x(1) \\
_t p_x &= 1 - Q_x(t).
\end{aligned} \tag{4.8}$$

Wir betrachten noch einige bedingte Wahrscheinlichkeiten, z.B. die bedingte Wahrscheinlichkeit dafür, daß ein jetzt x-jähriger das Alter $x+s$ wirklich erreicht und dann weitere t Jahre leben wird:

$$_t p_{x+s} = P(T_x < s+t \, / \, T_x < s) = \frac{1 - Q_x(s+t)}{1 - Q_x(s)} \tag{4.9}$$

bei Nutzung der elementaren Regeln für das Rechnen mit bedingten Wahrscheinlichkeiten. Analog gilt für die bedingte Wahrscheinlichkeit, daß ein jetzt x-jähriger nach Durchleben weiterer s Jahre dann innerhalb von t Jahren stirbt

$$_t q_{x+s} = 1 - {_t p_{x+s}} = \frac{Q_x(s+t) - Q_x(s)}{1 - Q_x(s)}. \tag{4.10}$$

Hingegen ist die Wahrscheinlichkeit, daß ein jetzt x-jähriger die nächsten s Jahre überleben und dann innerhalb von t Jahren sterben wird,

$$_{s/t} q_x = P(s \le T_x < s+t) = Q_x(s+t) - Q_x(s) = {_{s+t} q_x} - {_s q_x}. \tag{4.11}$$

Hinweis: es wäre günstiger, sowohl in (4.9) als auch in (4.10) den Suffix-Index anstelle einer Summe wie folgt zu schreiben:

$$_t p_{x+s} = {_t p_{x/s}} \quad \text{bzw.} \quad _t q_{x+s} = {_t q_{x/s}}.$$

Aus (4.9) und (4.10) folgt dann noch

$$_{s+t} p_x = 1 - Q_x(s+t) = [1 - Q_x(s)] \cdot \frac{1 - Q_x(s+t)}{1 - Q_x(s)} = {_s p_x}\, {_t p_{x/s}}$$

$$_{s/t} q_x = Q_x(s+t) - Q_x(s) = [1 - Q_x(s)] \cdot \frac{Q_x(s+t) - Q_x(s)}{1 - Q_x(s)} = {_s p_x}\, {_t q_{x/s}}.$$

4.3.2 Lebensdauerverteilungen

Im nachfolgenden wird versucht, aus der vorgegebenen Sterbetafel Näherungen der Verteilungsfunktion und der Dichtefunktion der Lebensdauer eines x-jährigen herzuleiten. Wegen

$$q_{xy} = P(T_x < y - x) = Q_x(y - x)$$

gilt

$$Q_x(t) = 1 - q_{x,x+t} = 1 - \prod_{s=x}^{x+t-1} (1 - q_s). \tag{4.12}$$

Damit läßt sich aus den in der Sterbetafel gegebenen einjährigen Sterbewahrscheinlichkeiten näherungsweise die gesuchte Verteilungsfunktion der noch verbleibenden Lebensdauer eines x-jährigen ermitteln. Diese ist sehr grob, denn aus statistischen

Daten diskreter Zufallsgrößen q_x wird die Verteilung der Lebensdauer abgeleitet. Zur weiteren Komplettierung der Modelle wird die Lebensdauerverteilung als stetige Verteilung unterstellt.

Noch schwieriger wird die Darstellung einer Dichtefunktion $q_x(t)$. Da die Verteilungsfunktion auch nur in diskreter Gestalt vorliegt, müssen wir uns mit der sehr groben Näherung in nichtzentraler Form

$$q_x(t) = Q_x(t+1) - Q_x(t) \qquad (4.13)$$

bzw. in zentraler Form

$$q_x(t) = \frac{Q_x(t+1) - Q_x(t-1)}{2}$$

behelfen. Die Abbildungen im Anhang zeigen für 0-, 20-, 40-, 60- bzw. 80jährige den Verlauf von Verteilungsfunktion und Dichtefunktion der Restlebensdauer sowie auch die Sterblichkeitsintensität, siehe nächster Abschnitt (auf der Grundlage der DAV-Sterbetafel 1994 T).

4.3.3 Sterblichkeitsintensität

Neben bzw. anstelle der Sterbewahrscheinlichkeiten wird auch die Sterblichkeitsintensität benutzt.

Definition 4.5: *Die **Sterblichkeitsintensität** eines x-jährigen im Alter x+t ist*

$$\mu_x(t) = \frac{q_x(t)}{1 - Q_x(t)}.$$

Der t-jährigen Überlebenswahrscheinlichkeit wird also die (mittlere) Sterbewahrscheinlichkeit eines x-jährigen in den kommenden t Jahren gegenübergestellt.

Damit einige Entwürfe des Verlaufs der Sterblichkeitsintensität beurteilt werden können, wollen wir zunächst die Schlußfolgerung aus unserer Sterbetafel ziehen. Aus den Formeln (4.1) und (4.2) folgt genähert

$$\mu_x(t) = \frac{Q_x(t+1) - Q_x(t)}{1 - Q_x(t)}.$$

Diese Formel dient als Grundlage für die Abbildungen im Anhang.

Aus der Definition der Sterblichkeitsintensität folgt

$$\mu_x(t) = -\frac{d}{dt}\ln(1 - Q_x(t))$$

und daraus für die mehrjährige Sterbewahrscheinlichkeit

$$Q_x(t) = {}_tq_x = 1 - e^{-\int_0^t \mu_x(s)ds}$$

$$q_x(t) = \mu_x(t) \cdot e^{-\int_0^t \mu_x(s)ds} \qquad (4.14)$$

Unsere Abbildungen zeigen, daß die Sterblichkeitsintensität in Abhängigkeit von den verbleibenden Lebensjahren eine monoton wachsende Funktion ist - in den höheren Lebensjahren sogar ziemlich steil wachsend. Damit sind solche Modelle zu favorisieren, die diesem Rechnung tragen, z.B.

- de Moivre: $\qquad \mu_x(t) = \dfrac{a}{w - x - t} \qquad$ für $0 < t < w - x$

   (in diesem Falle ist die verbleibende Lebenszeit gleichverteilt, setzt aber ein definiertes Höchstalter w voraus)

- Gompertz/Makeham: $\qquad \mu_x(t) = a + b \cdot c^{x+t} \qquad$ für $t > 0$

- Weibull: $\qquad \mu_x(t) = a \cdot (x + t)^c \qquad$ für $t > 0$.

Die Beispiele sind Ausdruck dafür, daß in der Geschichte immer wieder versucht wurde, den natürlichen Vorgang des Sterbens mit anderen Naturgesetzen zu vergleichen, insbesondere zu erzwingen, daß etwa solch elegante Naturgesetze entstehen mögen, wie in der (mit der leblosen Materie verbundenen) Physik. Die Abbildungen im Anhang E verdeutlichen sehr gut, daß sich die oben angeführten Modelle in der statistischen Praxis nicht bestätigen lassen.

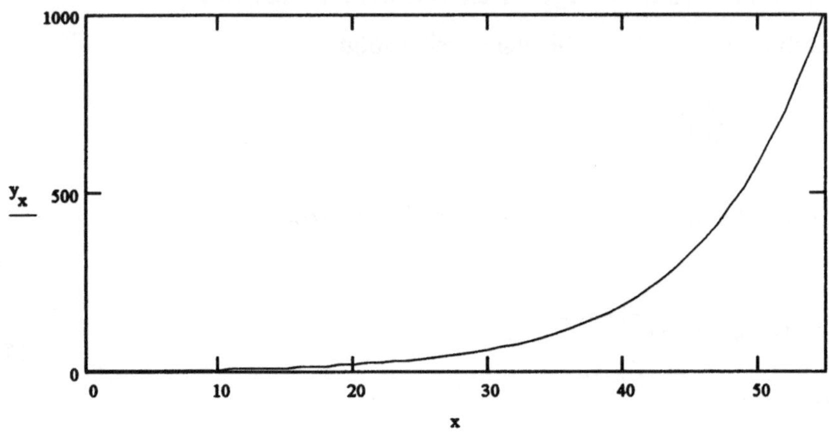

Bild 4.2: Verlauf der Sterblichkeitsintensität nach Gompertz/Makeham

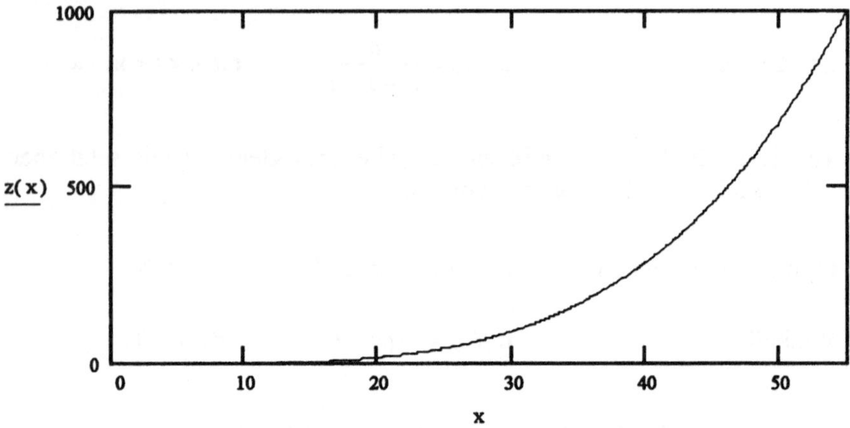

Bild 4.3: Verlauf der Sterblichkeitsintensität nach Weibull

Über (4.13) ist es möglich, die dazu passenden Sterbetafeln zu entwerfen. Unsere Ergebnisse zeigen, daß insbesondere die Modelle von Gompertz/Makeham sowie von Weibull (nicht zu verwechseln mit der Weibull-Verteilung in der Wahrscheinlichkeitsrechnung) angemessen sind. Für die Koeffizienten des Gompertz/Makeham-Modells sind folgende Werte zur Anpassung an gängige Sterbetafeln gefunden worden:

$$0.001 < a < 0.003$$

$$10^{-6} < b < 10^{-3}$$

$$1.08 < c < 1.12.$$

Die genannten Modelle, insbesondere Gompertz/Makeham, sind interessant für Interpolationsprobleme (Ermittlung von Zwischenwerten - unterjährliche Werte der Kenngrößen) und für die Glättung statistischer Daten zu den Sterbewahrscheinlichkeiten vor Aufnahme in die Sterbetafel.

4.3.4   Die Überlebensfunktion

Als stetiges Analogon der Anzahl l_x der von 100.000 Geborenen Überlebenden (siehe die Sterbetafel im Anhang) führen wir die Überlebensfunktion ein.

Definition 4.6: *Mit*

$$L_x(t) = 1 - Q_x(t)$$

*ist die **Überlebensfunktion** beschrieben. Der Zusammenhang mit dem diskreten l_x besteht gemäß*

$$l_x = 100000 \cdot L_0([x]) \quad bzw. \ kurz \ \ l_x = K \cdot L(x)$$

([.] ist die Entier-Funktion, K Proportionalitätsfaktor).

Jede monoton fallende Funktion L mit den Randbedingungen $L(0) = 1$ und $L(w - x) = 0$ ist eine Überlebensfunktion.

Sie gibt den relativen Anteil der Anzahl der Überlebenden im Zeitintervall $[x, x+t]$ an. Aus den Abbildungen für $Q_x(t)$ folgen dann leicht analoge Abbildungen für $L_x(t)$.

Der Zusammenhang mit der Sterblichkeitsintensität ergibt sich wie folgt:

$$\mu_x(t) = -\frac{d}{dt} \ln L_x(t)$$

$$L_x(t) = e^{-\int_0^t \mu_x(s)\,ds}.$$

$$(4.15)$$

Wir kommen nun zu den stetigen Varianten der Kommutationszahlen. In den bisher aufgeführten diskreten Varianten war der Zinssatz in Form des Abzinsungsfaktors v

beizugeben. Im stetigen Falle muß nunmehr die Zinsintensität δ ($v = e^{-\delta}$) benutzt werden. Also gilt für die Kommutationszahlen der Überlebenden

$$D_x(t) = L_x(t) \cdot e^{-\delta t} \qquad\qquad (4.16)$$

sowie

$$N_x(t) = \int_x^w D_s(t)\,ds \qquad \text{oder} \qquad N_x(t) = \int_x^\infty D_s(t)\,ds\,. \qquad (4.17)$$

Für die Kommutationszahlen der Gestorbenen finden wir

$$C_x(t) = q_x(t) \cdot e^{-\delta t} \qquad\qquad (4.18)$$

sowie

$$M_x(t) = \int_x^w C_s(t)\,ds \qquad \text{oder} \qquad M_x(t) = \int_x^\infty C_s(t)\,ds\,. \qquad (4.19)$$

Wenn man in den letzten Formeln für die stetigen Varianten der Kommutationszahlen $x = 0$ (vollständige Sterbetafel) und $t = x$ setzt sowie in Teilintervalle der Länge 1 (d.h. 1 Jahr) zerschneidet, erhält man die diskreten Varianten, wie in Definition 4.4 angegeben. Natürlich kann auch mit beliebigem Anfangspunkt x gearbeitet werden (verkürzte Sterbetafel).

Zum Abschluß noch ein Blick auf die stetige Variante der Lebensdauer (Lebenserwartung, Restlebensdauer); die diskrete Variante ist in Definition 4.4 enthalten: die mittlere Restlebensdauer eines x-jährigen beträgt

$$\tilde{e}_x = \int_0^{w-x} t\tilde{q}_x(t)\,dt \qquad \text{oder} \qquad \tilde{e}_x = \int_0^\infty t\tilde{q}_x(t)\,dt\,. \qquad (4.20)$$

Die mittlere Gesamtlebensdauer eines jetzt x-jährigen ist damit $x + \tilde{e}_x$..

4.3.5 Unterjährliche Sterbewahrscheinlichkeiten

Die letzten Passagen lassen deutlich werden, daß die Gewinnung der Daten zum stetigen Modell sehr schwierig wird. Unsere Formeln gehen lediglich davon aus, daß die Lebensdauer T_x beschreibbar sei, etwa durch die oben behandelten Funktionen $q_x(t), Q_x(t)$ oder $\mu_x(t)$. In Wirklichkeit liegen uns aber laut Sterbetafel nur die einjährigen Sterbewahrscheinlichkeiten q_x (und damit auch für ganzzahlig viele Jahre die mehrjährigen Sterbewahrscheinlichkeiten $_tq_x$) vor. Deshalb sind wir daran interessiert zu wissen, wie diese Daten mit Hilfe der Interpolation verfeinert werden könnten.

Also fragen wir, wie die Sterbewahrscheinlichkeiten $_tq_x$ eines x-jährigen für einen Bruchteil des folgenden Jahres, also $0 < t < 1$, aussehen sollten. Hierfür sind einfache Ansätze denkbar, so z.B. die lineare Interpolation der Sterbewahrscheinlichkeit:

$$_tq_x = t \cdot q_x \tag{4.21}$$

oder die Konstanz der Sterblichkeitsintensität in einem Zeitintervall der Länge 1, etwa

$$\mu_x(t) = \mu_x\left(\frac{1}{2}\right) = -\ln p_x \; .$$

Da meist mit den Sterbewahrscheinlichkeiten gerechnet wird, wollen wir den zweiten Ansatz dahingehend auswerten; für $0 < t < 1$ ist

$$_tq_x = 1 - {}_tp_x = 1 - e^{-t\cdot\mu_x\left(\frac{1}{2}\right)} = 1 - p_x{}^t \; ;$$

das ist quasi ein Weibullsches Modell.

In jedem Falle lassen sich einzelne, zusammenhängende Zeitabschnitte durch Multiplikation der Überlebenswahrscheinlichkeiten zur Überlebenswahrscheinlichkeit im gesamten Zeitintervall zusammenfassen. Daraus folgt auch sofort, wie bei den Sterbewahrscheinlichkeiten zu verfahren ist.

Beide Ansätze für die kontinuierliche Zeit haben aber kleine Nachteile, die sich dann auswirken, wenn es um Versicherungsprobleme mit kurzer Laufzeit geht. In unseren Abbildungen werden diese Unzulänglichkeiten (Unstetigkeiten, Sprünge, Knickstellen der Modellfunktionen) nicht sichtbar, da die betrachteten Funktionen, über einen längeren Zeitstrahl gesehen, doch ziemlich glatt sind. Aber der Versicherungsmathematiker ist schon verzweifelt, wenn er mit der offiziellen Sterbetafel auskommen muß.

Beispiel 4.4: Berechnen Sie die Wahrscheinlichkeit dafür, daß ein 55jähriger die nächsten 2,5 Jahre überlebt!
Ergebnis: Bei linearer Interpolation 0,969962, bei Konstanz der Sterblichkeitsintensität 0,969939.

Beispiel 4.5: Berechnen Sie die Wahrscheinlichkeit dafür, daß ein Mann, der am 14.6.1995 das 55.Lebensjahr vollendete und am 1.3.1995 eine Lebensversicherung abschloß, den 1.3.1997 nicht erlebt! (Verwenden Sie lineare Interpolation!)
Ergebnis: Zunächst müssen die begrenzenden Jahresanteile bestimmt werden, also 74 Tage vor dem 55er Geburtstag und 286 Tage nach dem 56er Geburtstag; nun folgt aus der Sterbetafel: er überlebt die 74 Tage mit Wahrscheinlichkeit 0,997904; er überlebt das Jahr zwischen den beiden Geburtstagen mit der Wahrscheinlichkeit 0,988764; er überlebt die 286 Tage mit der Wahrscheinlichkeit 0,990197; daraus folgt insgesamt die Überlebenswahrscheinlichkeit während der Dauer der Lebensversicherung mit 0,977019; der Versicherte überlebt nicht mit der Wahrscheinlichkeit 0,022981.

4.4   Ausscheideordnungen

4.4.1   Einfache Ausscheideordnungen

Wenn das Ausscheiden aus einer Gesamtheit von Versicherungsnehmern nur einen einzigen Grund haben kann, dann spricht man von einer *einfachen Ausscheideordnung*. Das Ausscheiden ist mit einer veränderlichen *Ausscheidewahrscheinlichkeit*, bezogen auf einen festen zukünftigen Zeitabschnitt, in vielen Fällen ein Jahr, verbunden. Ist dieser einzige Ausscheidegrund der Tod, wie bei einer Personenversicherung, dann ist diese Wahrscheinlichkeit die Sterbewahrscheinlichkeit (etwa gemäß einer Sterbetafel). Die Veränderlichkeit der einjährigen Ausscheidewahrscheinlichkeit ist an einen Parameter x gebunden; dies könnte beispielsweise sein: das Alter des Versicherungsnehmers, das Dienstalter des Versicherungsnehmers oder das Alter des Versicherungsvertrages. Für die Ausscheidewahrscheinlichkeit benutzen wir, wie bereits in Definition 4.3 speziell für Sterbetafeln eingeführt, das Symbol q_x. Das Komplement zur Ausscheidewahrscheinlichkeit ist die *Bleibewahr-scheinlichkeit* $p_x = 1 - q_x$; bei Personenversicherungen ist dies in der Regel die Überlebenswahrscheinlichkeit.

4.4.2   Zusammengesetzte Ausscheideordnungen

Wenn das Ausscheiden aus einer Gesamtheit von Versicherungsnehmern mehr als einen Grund haben kann, dann spricht man von einer *zusammengesetzten Ausscheideordnung*. Es liegen $m \geq 1$ Ausscheidegründe vor. Vorausgesetzt wird, daß das Ausscheiden einer Person oder einer Sache aus dem Versicherungsvorgang nur genau einen Grund hat. Das Ausscheiden generell bzw. aus einem bestimmten Grunde ist im Sinne der Wahrscheinlichkeitsrechnung ein zufälliges Ereignis; die Ausscheideereignisse aus unterschiedlichen Gründen sind als Ereignisse zu sehen, die nicht gleichzeitig eintreten können.

Ursache des Ausscheidens sei derjenige Grund, welcher als erster für das Ausscheiden eintritt. Es sei X_i die Zufallsgröße „Alter der Person oder Sache bei Eintritt des Grundes i". Wegen der obigen Vereinbarung gilt

$$P\{X_i = X_j\} = 0 \quad \text{für} \quad i \neq j, \quad i, j = 1, \ldots, m.$$

Als *einjährige Ausscheidewahrscheinlichkeit einer Person bzw. Sache vom Alter x aus dem Grunde i* verstehen wir die Wahrscheinlichkeit dafür, daß die Person bzw. die Sache aus der Versichertengemeinschaft im Zeitintervall $(x, x+1]$ ausscheidet:

$$q_x(i) = P\{X_i \leq \min(x+1, X_1, X_2, \ldots, X_{i-1}, X_{i+1}, \ldots, X_m) | X_1 > x, \ldots, X_m > x\}$$

$$= P\left[\{X_i \leq x+1\} \cap \bigcap_{k=1}^{m}\{X_i \leq X_k\} | \bigcap_{k=1}^{m}\{X_k > x\}\right].$$

$$(4.22)$$

Mit

$$p_x^{(i)} = 1 - q_x^{(i)}$$

bezeichnen wir die einjährige Bleibewahrscheinlichkeit, wenn allein der Ausscheidegrund i gesehen wird.

Als Ausscheidewahrscheinlichkeit einer Person bzw. Sache vom Alter x aus dem Grunde i im Zeitintervall $(x, x+s]$ fassen wir auf:

$$_s q_x^{(i)} = P\{X_i \leq \min(x+s, X_1, X_2, \ldots, X_{i-1}, X_{i+1}, \ldots, X_m) | X_1 > x, \ldots, X_m > x\}.$$

Analog wird die Bleibewahrscheinlichkeit gesehen:

$$_s p_x^{(i)} = 1 - {_s q_x^{(i)}}.$$

Wegen der Nichtgleichzeitigkeit der Ausscheidegründe folgt, daß die Ereignisse

$$\bigcap_{k=1}^{m}\{X_i \leq X_k\} \quad \text{und} \quad \bigcap_{k=1}^{m}\{X_j \leq X_k\}, \quad i \neq j$$

unvereinbare Ereignisse sind, und damit sind ebenfalls

$$\{X_i \leq x+1\} \cap \bigcap_{k=1}^{m}\{X_i \leq X_k\} \quad \text{und} \quad \{X_j \leq x+1\} \cap \bigcap_{k=1}^{m}\{X_j \leq X_k\}$$

unvereinbar. Damit gilt

$$\bigcup_{i=1}^{m}\left[\{X_i \leq x+1\} \cap \bigcap_{k=1}^{m}\{X_i \leq X_k\}\right] = \bigcup_{i=1}^{m}\{X_i \leq x+1\}.$$

Es sei jetzt q_x die Wahrscheinlichkeit dafür, daß eine Person bzw. eine Sache im Zeitabschnitt $(x, x+1]$ aus der Versichertengemeinschaft (aus irgendeinem Grunde) ausscheidet:

$$q_x = P\left[\bigcup_{i=1}^{m}\{X_i \leq x+1\}\Big| \bigcap_{i=1}^{m}\{X_i > x\}\right]. \tag{4.23}$$

Damit diese bedingte Wahrscheinlichkeit definiert ist, muß verlangt werden:

$$P\left(\bigcap_{i=1}^{m}\{X_i > x\}\right) > 0. \tag{4.24}$$

Wir wollen untersuchen, wie diese Wahrscheinlichkeit von den oben eingeführten (Teil-)Wahrscheinlichkeiten $q_x^{(i)}$, $i = 1, \ldots, m$ abhängt. Mit (4.22) und (4.24) gilt für (4.23) weiterhin

$$\begin{aligned}
q_x &= P\left[\bigcup_{i=1}^{m}\left(\{X_i \leq x+1\} \cap \bigcap_{k=1}^{m}\{X_i \leq X_k\}\right)\Big|\{X_1 < x, \ldots, X_m < x\}\right] \\
&= \sum_{i=1}^{m} P\left[\{X_i \leq x+1\} \cap \bigcap_{k=1}^{m}\{X_i \leq X_k\}\Big|\{X_1 > x, \ldots, X_m > x\}\right] \\
&= \sum_{i=1}^{m} q_x^{(i)}.
\end{aligned} \tag{4.25}$$

Analog gilt

$$_s q_x = \sum_{i=1}^{m} {}_s q_x^{(i)}.$$

Damit ist geklärt, wie sich Ausscheidewahrscheinlichkeiten zusammensetzen lassen, wenn gewisse Bedingungen, hier die Nichtgleichzeitigkeit des Zusammentreffens verschiedener Ausscheidegründe, erfüllt sind. (4.25) ist damit sehr gut brauchbar für viele Modellfälle.

4.5 Nettoprämien und Deckungskapital

4.5.1 Verlust und Überschuß

Aus der Sicht des Versicherers ist die Differenz aus den Leistungen des Versicherers, besser dem Barwert der Leistungen gemäß Äquivalenzprinzip, und der Zugänge aus den Zahlungen (Prämien oder Sofortzahlungen usw.) des Versicherungsnehmers, ebenfalls in Form des Barwertes gemäß Äquivalenzprinzip, eine wichtige Kenngröße. Ist die Größe, sie sei V genannt, positiv, dann erleidet der Versicherer einen Verlust; ist dagegen V negativ, dann erzielt er einen Überschuß. Beide Formen der Abweichung von $V = 0$ sollten vermieden werden. Wir wollen, unabhängig vom Vorzeichen, die Größe V **Verlust** nennen.

Realer wäre, auch die Aufwendungen des Versicherers in seiner Verwaltung (Gebühren), Sparprämien, Ratenzuschläge, die Versicherungssteuer sowie eine Rücklage für besonders kritische Situationen im Sinne der Zahlungsfähigkeit (Sicherheitszuschlag) in die Kenngröße V einzubeziehen. Geht man auf diese Belange nicht ein, um die Betrachtungen überschaubar zu halten, dann entstehen Kenngrößen, die Bezeichnungen mit dem Präfix „Netto..." tragen, wie z.B. Nettoprämien. Die Sachlage wird dadurch kompliziert, daß die Kenngröße V im Versicherungswesen eine Zufallsgröße ist: V. Der Verlust V ist eine stetige Zufallsgröße und hat einen Wertebereich, der sowohl positive als auch negative Werte beinhaltet. Eine in der Risikotheorie bzw. Entscheidungstheorie gängige Methodik ist die Betrachtung des mittleren Verlustes ($\overline{V}$) bzw. des Erwartungswertes des Verlustes (EV). Ein Gleichgewicht zwischen Versicherer und Versicherungsnehmer würde dann entstehen, wenn gilt

$$E V = 0.$$

Damit lassen sich auch die Ergebnisse in den Abschnitten 5.1 (Lebensversicherungen) und 5.2 (Leibrenten) nachvollziehen. Viel komplizierter wird jedoch die Darstellbarkeit des Verlustes, wenn die oben genannten Zuschläge in die Betrachtung einbezogen werden sollen. Sie bilden normalerweise keine Festgrößen, sondern werden in der Regel in Abhängigkeit von den Leistungen des Versicherers oder der Prämienleistungen angesetzt.

Wir verfolgen kurz die Praxis bei der Festlegung eines Sicherheitszuschlages zur Minderung des Risikos des Versicherers bezüglich der Liquidität bei zukünftigen Zahlungen. Es wird versucht zu realisieren, daß der Sicherheitszuschlag

- proportional zum Erwartungswert der Leistung des Versicherers ist,

- proportional zur Standardabweichung der Leistung des Versicherers ist,

> - zusätzlich auch abhängig ist von der Schiefe der Verteilung der Leistung des Versicherers.

Nun dürfen wir aber nicht annehmen, daß uns die oben benutzten Momente der Verteilung der Leistungen des Versicherers ausreichend bekannt wären. Bestenfalls können aus der Statistik heraus Annahmen gemacht werden. In diesem Zusammenhang paßt ein Hinweis auf die „Credibility-Theorie": es wird ein Sicherheitszuschlag gemischt aus Daten zur statistischen Vergangenheit der Gesamtmasse der Versicherungsnehmer und aus Daten zur individuellen statistischen Historie des jeweiligen Versicherungsnehmers.

4.5.2   Das Deckungskapital

Bei Abschluß eines Versicherungsvertrages besteht, abgesehen von bestimmten Vereinbarungen über Zuschläge und Gebühren, ein Gleichgewicht zwischen dem Barwert der Leistungen des Versicherers und dem Barwert der Zahlungen des Versicherungsnehmers. Versicherungsverträge sind in vielen Fällen langjährig; in dieser Zeit verändert sich diese Bilanz. Es entsteht eine Differenz: der Versicherungsnehmer zahlt und zahlt ohne Gegenleistung; sie war ja auch erst für später vereinbart. Diese Differenz ist eine Zufallsgröße; deshalb sollte deren Erwartungswert betrachtet werden. Dieser wird mit (Netto-)*Deckungskapital (Deckungsrückstellung, Reserve)* $_{t}V$ bezeichnet. Diese Erwartungswertbildung geschieht bei Personenversicherungen beispielsweise über statistische Mittelungen, etwa Sterbetafeln u.ä.

Mit diesem Deckungskapital - in vielen Versicherungsformen ist dieses negativ und schon deshalb ein Vorteil für den Versicherer - bleibt der Versicherer zahlungsfähig bei auftretenden unvorhergesehenen Schwankungen bei der Einforderung der Leistungen. Ist das Deckungskapital betragsmäßig ungewöhnlich groß, also zum Nachteil des Versicherungsnehmers, besteht die Gefahr, daß der Versicherungsnehmer vom Vertrag zurücktreten möchte. Das ist nicht erwünscht.

In solchen Fällen, in denen zeitweise ein positives Deckungskapital entsteht, drohen dem Versicherer Verluste z.B. dann, wenn der Vertrag storniert wird und der Versicherungsnehmer seinen Vorteil abruft. Versicherungsverträge, in denen ein positives Deckungskapital entstehen kann, werden in der Regel vermieden, z.B. durch höhere Beiträge im Frühstadium des Versicherungsvertrages. Natürlich ist ein positiver Deckungsbeitrag sehr werbewirksam und ein Lockmittel für die Versicherungsnehmer.

Deshalb werden Versicherungsverträge möglichst günstig für beide Seiten gestaltet. In den Abschnitten 5.1 und 5.2 werden einige wenige Beispiele zum Deckungskapital angeführt.

4.6 Risikotheorie

4.6.1 Die Besonderheiten von Sachversicherungen

Anders als in den Personenversicherungen ist das Risikoproblem bei Sachversicherungen wesentlich komplizierter. Die Vorgänge sind stark inhomogen. Die Häufigkeit von versicherungsrelevanten Ereignissen (Schäden) schwankt sehr; die Leistung zum Ausgleich dieser versicherungsrelevanten Ereignisse (Schadensummen) schwankt ebenfalls sehr. Katastrophen und Schäden größeren Ausmaßes verzerren außerdem erheblich „normale" statistische Verteilungen. Die Vorkommnisse bzw. Ereignisse bei Sachversicherungen sind teilweise wenig vergleichbar, so daß statistische Daten nur auf relativ kleinen Gesamtheiten beruhen und damit ziemlich unsicher sind. Die Ereignisse sind nicht nur in ihrer Wesensart inhomogen, sondern auch im Zeitverlauf; es gibt konjunkturelle und saisonale Schwankungen sowie inflationäre Tendenzen. Die Tarifbildung für Sachversicherungen ist aus diesen Gründen für die Versicherungsgesellschaften, die Aufsichtsbehörden und die Masse der Versicherungsnehmer ein fast unlösbares Problem. Dieses wird nun noch dadurch überlagert, daß der Versicherungsmarkt europaweit geöffnet wurde. Die Konkurrenz auf dem Versicherungsmarkt verdeckt die versicherungsmathematischen Grundlagen.

Hauptaufgaben der wissenschaftlichen Durchdringung der Probleme von Sachversicherungen sind:

- die weitere Komplettierung der stochastischen Modellierung von Versicherungsaufgabenstellungen,

- die dazu passende statistische Verfahrenstechnik und Datenanalyse (Präzisierung der Tarifbildung).

4.6.2 Die individuelle Risikotheorie

Ein wesentliches Problem dabei ist die Meßbarkeit (Quantifizierbarkeit) des Risikos einer Versicherung. Wesentliche Arbeiten hierfür wurden in der Risikotheorie - entwickelt in der ersten Jahrhunderthälfte - geliefert. Es sind, auch zeitlich gesehen, zwei Etappen der Risikotheorie zu unterscheiden:

- Die individuelle Risikotheorie betrachtet einen einzelnen Versicherungsvertrag, dessen Einzelschäden (Schadenszeitpunkte und Schadenshöhen) und die Gesamtschadenverteilung; wegen der Vielzahl der Faltungsoperationen ist diese Vorgehensweise numerisch sehr aufwendig, selbst bei computergestützter Arbeit.

- Die kollektive Risikotheorie betrachtet den einzelnen Schadensfall in einem Kollektiv von Versicherungsverträgen (Policen) sowie Anzahl und Höhe der Schäden und deren Verteilungskenngrößen.

Die Zufallsgröße X_k sei der Gesamtschaden des k-ten Versicherungsvertrages in einem Zeitabschnitt, z.B. in einem Jahr. Die zugehörige Verteilungsfunktion sei

$$F_k(x) = P(X_k < x).$$

Die Gesamtschadensumme S aller n Verträge einer bestimmten Menge ist dann

$$S = X_1 + X_2 + ... + X_n.$$

Siehe jetzt Abschnitt 3.1.3 - bei Unabhängigkeit der zu den einzelnen Schäden führenden Vorgänge ergibt sich die Verteilungsfunktion der Gesamtschadensumme aus der Faltung

$$F(x) = P(S < x) = F_1(x) * F_2(x) * ... * F_n(x).$$

Die numerischen Probleme beim Umgang mit Faltungen wurden bereits dargestellt. In Personenversicherungen ist diese Vorgehensweise deshalb nicht unbedingt erforderlich, weil „Schäden" in diesem Sinne nicht auftreten (man stirbt nicht mehrmals!). Bestenfalls beim Zusammentreffen mehrerer Ausscheidegründe, wie z.B. Invalidität, Berufsunfähigkeit, Eintritt ins Rentenalter und Tod, könnte die Risikotheorie benutzt werden. Aber auch da treten typische Erscheinungen der Sachversicherungen, wie Großschäden und Katastrophen, nicht auf. Andererseits ließen sich jedoch die rein rechnerischen Probleme wegen der Möglichkeit der Diskretisierung der Versicherungskenngrößen und damit der Diskretisierung der stochastischen Parameter deutlich auf einfachere Aufgaben reduzieren.

Beispiel 4.6: Kombination von Invalidität und Tod: Es seien x das Alter des Versicherungsnehmers, q_x die einjährige Sterbewahrscheinlichkeit und i_x die einjährige Invalidisierungswahrscheinlichkeit. Es sei S_T die Versicherungssumme auf den Todesfall und S_I die Versicherungssumme auf den Invalidisierungsfall. Mit der Wahrscheinlichkeit $1-q_x-i_x$ tritt kein Schaden auf. Mit der Wahrscheinlichkeit q_x+i_x tritt mindestens ein Fall ein: Invalidität oder Tod; beide sollen in dem einen Jahr nicht gleichzeitig eintreten. Die Verteilungsfunktion $F(x)$ der einjährigen Gesamtversicherungssumme ist dann die einer diskreten Verteilung: eine Treppenfunktion wie folgt

$$F(x) = \begin{cases} 0 & x \leq 0 \\ 1 - q_x - i_x & 0 < x \leq S_T \\ 1 - q_x & S_T < x \leq S_I \\ 1 & S_I \leq x < \infty \end{cases}$$

vorausgesetzt, daß $S_T < S_I$, ohne Einschränkung der Allgemeinheit. Bevor eine solche Verteilung einer mehrfachen Faltung zugeleitet wird, sollte darauf geachtet werden, daß die Sprungstellen ein rationales Verhältnis bilden, also z.B. ganzzahlig sind.

Gerber [GER] beispielsweise gibt zwei Möglichkeiten an, um rationale Verhältnisse zu bilden und gleichzeitig die Verteilungen nicht erheblich zu verzerren, das Runden und die Dispersion.

4.6.3 Die kollektive Risikotheorie

Ebenfalls in Abschnitt 3.1.3 hatten wir bereits Faltungen mit einer zufälligen Anzahl von Summanden beschrieben. Es sei die Zufallsgröße N die Anzahl der Schadensfälle in einem Kollektiv von Versicherungsverträgen in einem Zeitabschnitt, etwa einem Jahre, es sei S der Gesamtschaden in diesem Zeitabschnitt. Weiterhin sei die Zufallsgröße X die Höhe eines einzelnen Schadens. Die Anzahl der Schadensfälle und die Schadenshöhe seien unabhängige Zufallsgrößen.

Es ist

$$S = \sum_{k=1}^{N} X_k$$

eine Summe mit zufällig vielen Summanden. Wir setzen der Vollständigkeit halber

$$S = 0, \quad \text{falls} \quad N = 0.$$

Die diskrete Verteilung von N sei wie folgt gegeben

$$p_k = P(N = k).$$

Die Verteilungsfunktion der Einzelschadenshöhe X sei $F(x)$. Die Gesamtschadenshöhe von k Schäden ist dann die Faltung

$$F^{*k}(x) = F_1(x) * F_2(x) * \ldots * F_k(x),$$

als Stieltjes-Integral rekursiv geschrieben

$$F^{*k}(x) = \int_0^x F^{*(k-1)}(x - t)\, dF(t).$$

Ebenso kann mit den entsprechenden Dichtefunktionen umgegangen werden - die Dichtefunktion von X kann als existent angenommen werden, da die Schadenshöhe doch wohl natürlicherweise eine stetige Zufallsgröße ist. Die Verteilungsfunktion von S ist dann

$$P(S < x) = \sum_{k=0}^{\infty} p_k F^{*k}(x).$$

Bekanntermaßen ist auch der Aufwand bei solchen Berechnungen groß. Vielfach helfen nur Näherungsverfahren. Nur wenn N poissonverteilt und X gammaverteilt ist, lassen sich gefällige Ausdrücke herleiten. Die Normalverteilung kann hier nur bedingt verwendet werden, da normalverteilte Zufallsgrößen mit positiver Wahrscheinlichkeit auch negativ werden. Der Leser möge unter Nutzung eines schnellen

Computers und mit Hilfe von Zufallszahlen derartige Faltungen und deren Verteilung simulieren.

Im Kapitel 3 hatten wir bereits schon angedeutet, daß für die Momente der Verteilungen, falls diese für eine erste Betrachtung ausreichen, günstige Ausdrücke existieren, so z.B.

$$ES = EN \cdot EX$$
$$D^2 S = EN \cdot D^2 X + D^2 N \cdot (EX)^2.$$

Zu weiteren tieferen Einsichten in die Risikotheorie siehe [FEI].

5 Spezielle Modelle von Versicherungen

5.1 Lebensversicherungen

Für die Lebensversicherungen gibt es unterschiedliche Formen, die aber generell eines gemeinsam haben: der Versicherungszeitraum endet entweder gemäß eines vereinbarten Termins oder mit dem Tode des Versicherten. Es gibt zwei reine Formen:

- die Versicherung auf den Todesfall,
- die Versicherung auf den Erlebensfall.

Weiterhin gibt es Mischformen aus Todesfall und Erlebensfall, Verbindungen mit einer Leibrente, Versicherungen mit Beitragsrückerstattung usw. Wir werden auf eine Reihe solcher Modellfälle eingehen; insgesamt betrachtet bilden alle diese Sonderfälle natürlich nur eine Auswahl. Die Findigkeit der einzelnen Versicherungen, den Versicherungsnehmern durch bestimmte Zusatzvereinbarungen die Vergleichbarkeit der Versicherungsformen zu erschweren, ist leider sehr ausgeprägt. Mit einigen wenigen Grundlagen wollen wir zumindest ansatzweise versuchen, die wichtigsten Vorgänge nachzuvollziehen.

Im Gegensatz zum Abschnitt 4.4 - Leibrenten - werden hier nicht Barwerte der Gesamtleistung berechnet, sondern die Beträge von Einmalzahlungen oder regelmäßigen Zahlungen.

5.1.1 Todesfallversicherung - auf Lebenszeit, gegen Sofortbetrag

Es wird vereinbart, daß der Versicherungsbetrag (die Versicherungssumme) S am Ende des Versicherungsjahres ausgezahlt wird, in welchem der Todesfall eingetreten ist. Die Zahlung des Sofortbetrages A_x erfolge zu Beginn des Jahres x; dies sei auch der Vergleichszeitpunkt für das Äquivalenzprinzip. Nach Ablauf der einzelnen Jahre werden die jeweils Verstorbenen gezählt ($d_x, d_{x+1}, ..., d_A$) und auf den Anfangszeitpunkt diskontiert, wobei als Versicherungssumme jedes Versicherungsnehmers der Einfachheit halber 1 DM genommen wird. Die Gesamtleistung des Versicherers ist dann

$$d_x \cdot v + d_{x+1} \cdot v^2 + ... + d_A \cdot v^{A-x+1} ,$$

und diese ist dann gleichzusetzen dem Barwert der Leistungen der Versicherungsnehmer

$$l_x \cdot A_x = \sum_{k=x}^{A} d_k v^{k-x+1} . \tag{5.1}$$

Die weitere Überlegung: man diskontiert, um auf die in Kapitel 4 bereitgestellten Größen zu kommen, in Formel (5.1) auf den Lebensbeginn (0-tes Lebensjahr); dann entsteht

$$\begin{aligned} A_x \cdot l_x \cdot v^x &= d_x \cdot v \cdot v^x + d_{x+1} \cdot v^2 \cdot v^x + ... + d_A \cdot v^{A-x+1} \cdot v^x \\ &= d_x \cdot v^{x+1} + d_{x+1} \cdot v^{x+2} + ... + d_A \cdot v^{A+1} \\ &= \sum_{k=x}^{A} d_k v^{k+1}. \end{aligned} \tag{5.2}$$

Mit Verwendung der Kommutationswerte C sowie $D_x = l_x \cdot v^x$ erhält man aus (5.2)

$$A_x = \frac{C_x + C_{x+1} + ... + C_A}{D_x} .$$

Dies läßt sich nun noch weiter vereinfachen durch Verwendung der Kommutationswerte M

$$A_x = \frac{M_x}{D_x} \tag{5.3}$$

für die Versicherungssumme $S = 1$, bzw. allgemein

$$A_x = \frac{M_x}{D_x} \cdot S .$$

Anstelle von (5.3) kann hergeleitet werden

$$\frac{M_x}{D_x} = 1 - (1-v)\frac{N_x}{D_x};$$

zur Beweisführung sind die Definitionen der Kommutationszahlen zu verwenden. Diese letzte Formel hat auf die günstigere Darstellung einiger kommender Ergebnisse einen positiven Einfluß.

Beispiel 5.1: Ein 50jähriger Mann schließt eine Lebensversicherung über die Versicherungssumme 100.000 DM auf den Todesfall ab. Mit welchem Sofortbetrag kommt er zum Vertrag?
Ergebnis: Aus den Tabellen folgt 43.631,92 DM.
(Beachten Sie bei allen vorgeführten Beispielen, daß keine Nebenkosten, wie z.B. Bearbeitungsgebühren, verrechnet wurden und daß der Zinssatz zur Erstellung der Kommutationszahlen einheitlich, wie heute üblich, 4% beträgt.)

5.1.2 Todesfallversicherung - Beitragszahlung auf Lebenszeit

Der Jahresbeitrag sei B_x. Der Versicherungsnehmer zahlt diesen Beitrag jährlich bis zu seinem Tode; dann wird die Versicherungssumme S ausgezahlt. Der Barwert aller Einzahlungen, zunächst $S = 1$, ergibt sich aus den jeweils noch Lebenden zu

$$B_x \cdot (l_x + l_{x+1} \cdot v + \ldots + l_A \cdot v^{A-x}).$$

Demgegenüber steht der Barwert aller Auszahlungen im Todesfall

$$d_x \cdot v + d_{x+1} \cdot v^2 + \ldots + d_A \cdot v^{A-x+1};$$

beide Ausdrücke gleich gesetzt und auf beiden Seiten mit v^x erweitert, ergibt die Möglichkeit der Vereinfachung mit Hilfe der Kommutationswerte:

$$B_x \cdot (l_x \cdot v^x + l_{x+1} \cdot v^{x+1} + \ldots + l_A \cdot v^A) = d_x \cdot v^{x+1} + d_{x+1} \cdot v^{x+2} + \ldots + d_A \cdot v^{A+1}$$
$$B_x \cdot (D_x + D_{x+1} + \ldots + D_A) = C_x + C_{x+1} + \ldots + C_A$$
$$B_x \cdot N_x = M_x,$$

also

$$B_x = \frac{M_x}{N_x} \tag{5.4}$$

bzw. für die Versicherungssumme S

$$B_x = \frac{M_x}{N_x} \cdot S.$$

Die Aufteilung in Monatsbeträge kann dann so geschehen, wie das beispielsweise in der Rentenrechnung dargestellt wurde.

Beispiel 5.2: Der in Beispiel 5.1 errechnete Sofortbetrag soll ersetzt werden durch einen bis zum Todesfall zu zahlenden Jahresbeitrag. Wie hoch ist dieser? Wie hoch wäre eine Zahlung in Monatsbeträgen bei nachschüssiger Zinserfassung?
Ergebnis: Der 50jährige zahlt jährlich 2.891,25 DM anstelle des angegebenen Sofortbetrages. Der gleichwertige Monatsbetrag wäre 236,60 DM.

An dieser Stelle soll das in Abschnitt 4.5.2 eingeführte Deckungskapital betrachtet und diskutiert werden. Dabei benutzen wir einen Term, der erst später in Formel (5.14) auftritt: der Rentenbarwertfaktor für Leibrenten.

Das Deckungskapital $_k V_x$ bezieht sich auf eine Person, deren Versicherungsvertrag im Lebensjahr x einsetzt, nach k Jahren Versicherungsdauer. Die aktuell erforderliche Leistung des Versicherers ergibt sich wegen (5.3) zu

$$\frac{M_{x+k}}{D_{x+k}} .$$

Der Jahresbeitrag verbleibt ungeändert über alle Jahre hinweg, also auch für das k-te Versicherungsjahr, gemäß (5.4)

$$\frac{M_x}{N_x} .$$

Der Rentenbarwertfaktor für die regelmäßigen Zahlungen in den Jahren $k+1,\ldots,n$ ergibt sich aus (5.14) zu

$$\frac{N_{x+k}}{D_{x+k}} .$$

Daraus folgt insgesamt für das Deckungskapital

$$_k V_x = \frac{M_{x+k}}{D_{x+k}} - \frac{M_x}{N_x} \cdot \frac{N_{x+k}}{D_{x+k}} ,$$

und wegen (5.3)

$$_k V_x = 1 - \frac{\dfrac{N_{x+k}}{D_{x+k}}}{\dfrac{N_x}{D_x}} \ .$$

Man erkennt leicht

$$_0 V_x = 0.$$

Das Verhalten in den Zwischenjahren studieren wir am obigen Beispiel 5.2.

Beispiel 5.3: Für den in Beispiel 5.2 gezeigten Fall soll der Verlauf des Deckungskapitals berechnet werden.
Ergebnis: Der Verlauf des Deckungskapitals (in vollen DM ausgehend von 100.000 DM Versicherungssumme) in Schritten zu jeweils 5 Jahren ist der nachfolgenden Tabelle zu entnehmen. In der ersten Zeile steht die jeweilige Vertragsdauer (beginnend im 50. Lebensjahr des Versicherungsnehmers) in Jahren:

0	5	10	15	20	25	30	35	40	45	50
0,00	11,012	22,504	34,359	46,201	57,255	66,725	74,377	80,402	85,334	93,374

Die nachfolgende Abbildung enthält den Verlauf des Deckungskapitals.

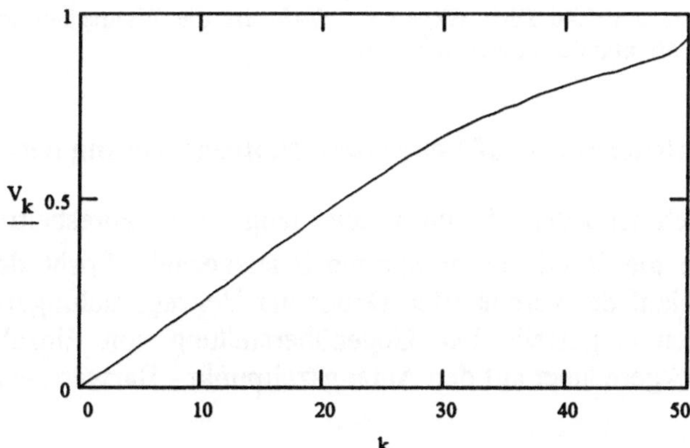

Bild 5.1: Verlauf des Deckungskapitals

5.1.3 Todesfallversicherung - befristet, gegen Sofortbetrag

Der Versicherungsnehmer zahlt einen Sofortbetrag $_nA_x$ und erhält die Versicherungssumme S im Todesfalle, falls dieser in den folgenden n Jahren eintritt. Für $S=1$ stellen wir den Barwert der Einzahlungen dem Barwert der Auszahlungen gegenüber:

$$_nA_x \cdot l_x = d_x \cdot v + d_{x+1} \cdot v^2 + \ldots + d_{x+n-1} \cdot v^n$$

$$_nA_x \cdot l_x \cdot v^x = d_x \cdot v^{x+1} + d_{x+1} \cdot v^{x+2} + \ldots + d_{x+n-1} \cdot v^{x+n}$$

$$_nA_x \cdot D_x = C_x + C_{x+1} + \ldots + C_{x+n-1} = M_x - M_{x+n}.$$

Hieraus folgt für die Höhe des Sofortbetrages

$$_nA_x = \frac{M_x - M_{x+n}}{D_x} \tag{5.5}$$

bzw.

$$_nA_x = \frac{M_x - M_{x+n}}{D_x} \cdot S.$$

Beispiel 5.4: Ein 50jähriger möchte sich für die nächsten 10 Lebensjahre auf den Todesfall versichern mit einer Versicherungssumme von 100.000 DM durch Zahlung eines einmaligen Sofortbetrages. Wie hoch ist dieser Sofortbetrag? Wie groß ist die Wahrscheinlichkeit dafür, daß der Todesfall in den nächsten 10 Jahren eintritt?
Ergebnis: Laut Tabellen ist M_{50} = 5568,4508; M_{60} = 4367,8390; D_{50} = 12762,329. Mit (5.5) folgt der Sofortbetrag zu 9.407,46 DM. Wegen $1 - l_{60}/l_{50}$ ist die Wahrscheinlichkeit für den Todesfall zwischen dem 50. und 60. Lebensjahr 0,1145.

5.1.4 Todesfallversicherung - auf Lebenszeit, Beitragszahlung befristet

Der Versicherungsnehmer zahlt jährlich n Jahre lang einen Jahresbeitrag $_nB_x$ und erhält im Todesfalle die Versicherungssumme S ausgezahlt. Stirbt der Versicherungsnehmer vor Ablauf der vereinbarten Dauer der Beitragszahlungen, so werden die Beitragszahlungen eingestellt. Die Gegenüberstellung von Einzahlungen und Auszahlungen, zurückgerechnet auf den Anfangszeitpunkt - Barwert, ergibt

$$_nB_x \cdot (l_x + l_{x+1} \cdot v + \ldots + l_{x+n-1} \cdot v^{n-1}) = d_x \cdot v + d_{x+1} \cdot v^2 + \ldots + d_A \cdot v^{A-x+1}.$$

Durch Erweiterung mit v^x und Nutzung der Kommutationswerte erhält man weiterhin

$$_nB_x \cdot (l_x \cdot v^x + l_{x+1} \cdot v^{x+1} + ... + l_{x+n-1} \cdot v^{x+n-1}) = d_x \cdot v^{x+1} + d_{x+1} \cdot v^{x+2} + ... + d_A \cdot v^{A+1}$$

$$_nB_x \cdot (D_x + D_{x+1} + ... + D_{x+n-1}) = C_x + C_{x+1} + ... + C_A$$

$$_nB_x \cdot (N_x - N_{x+n}) = M_x$$

und somit

$$_nB_x = \frac{M_x}{N_x - N_{x+n}}$$

bzw.

$$_nB_x = \frac{M_x}{N_x - N_{x+n}} \cdot S \,.$$
(5.6)

Beispiel 5.5: Die Sofortzahlung im Beispiel 5.4 soll ersetzt werden durch eine Zahlung mit jährlichen Beiträgen. Wie hoch sind diese Jahresbeiträge? Wie hoch wären entsprechende Monatsbeiträge (bei nachschüssiger Zinserhebung) ?
Ergebnis: Jahresbeitrag 5.389,84 DM; Monatsbeitrag 441,07 DM.

5.1.5 Todesfallversicherung - Beitragszahlung und Versicherungsleistung befristet

Der Versicherungsnehmer zahlt n Jahre lang oder bis zum Todesfalle Jahresbeiträge der Höhe $_{nn}B_x$; im Todesfalle während dieser Zahlungsdauer bzw. Vertragsdauer wird die Versicherungssumme S gezahlt. Es ergibt sich

$$_{nn}B_x \cdot (l_x + l_{x+1} \cdot v + ... + l_{x+n-1} \cdot v^{n-1}) = d_x \cdot v + d_{x+1} \cdot v^2 + ... + d_{x+n-1} \cdot v^n$$

sowie nach Erweiterung und Nutzung der Kommutationszahlen nach dem Muster der vorangegangenen Modelle

$$_{nn}B_x = \frac{M_x - M_{x+n}}{N_x - N_{x+n}}$$

bzw.

$$_{nn}B_x = \frac{M_x - M_{x+n}}{N_x - N_{x+n}} \cdot S \,.$$
(5.7)

Beispiel 5.6:   Ein 50jähriger schließt für 10 Jahre eine Todesfallversicherung auf die Versicherungssumme 100.000 DM ab. Wie hoch sind die Jahresbeiträge, die bis zum Tode, aber längstens bis zum Vertragsende gezahlt werden müssen?
Ergebnis: Jahresbeitrag 1.162,10 DM; Monatsbeitrag 95,10 DM.

An dieser Stelle soll das eingeführte Deckungskapital betrachtet und diskutiert werden. Dabei benutzen wir einen Term, der erst später in Formel (5.15) auftritt: der Rentenbarwertfaktor für Leibrenten.

Das Deckungskapital $_k V_x$ bezieht sich auf eine Person, deren Versicherungsvertrag im Lebensjahr x einsetzt, nach k Jahren Versicherungsdauer. Die aktuell erforderliche Leistung des Versicherers ergibt sich wegen (5.5) zu

$$\frac{M_{x+k} - M_{x+n}}{D_{x+k}} \, .$$

Der Jahresbeitrag verbleibt ungeändert über alle Jahre hinweg, also auch für das k-te Versicherungsjahr, gemäß (5.7)

$$\frac{M_x - M_{x+n}}{N_x - N_{x+n}} \, .$$

Der Rentenbarwertfaktor für die regelmäßigen Zahlungen in den Jahren $k+1,...,n$ ergibt sich aus (5.15) zu

$$\frac{N_{x+k} - N_{x+n}}{D_{x+k}} \, .$$

Daraus folgt insgesamt für das Deckungskapital

$$_k V_x = \frac{M_{x+k} - M_{x+n}}{D_{x+k}} - \frac{M_x - M_{x+n}}{N_x - N_{x+n}} \cdot \frac{N_{x+k} - N_{x+n}}{D_{x+k}} \, .$$

Man erkennt leicht

$$_0 V_x = 0, \quad _n V_x = 0 \, .$$

Das Verhalten in den Zwischenjahren studieren wir am obigen Beispiel 5.6.

Beispiel 5.7: Berechnen Sie den Verlauf des Deckungskapitals in Beispiel 5.6, gemessen an Jahresbeiträgen.
Ergebnis: Verlauf des Deckungskapitals (in DM bei 100.000 DM Versicherungssumme) in den 10 Jahren:

0	1	2	3	4	5	6	7	8	9	10
0,00	416,72	771,70	1052,87	1250,34	1354,07	1353,03	1234,04	981,61	577,31	0,00

Der Versicherer trägt also in diesem Falle ein bestimmtes Risiko: seine mittleren Leistungen übersteigen die mittlere Gesamtsumme der Prämien. Die nachfolgende Abbildung drückt den typischen Verlauf des Deckungskapitals bei solchen Todesfallversicherungen aus.

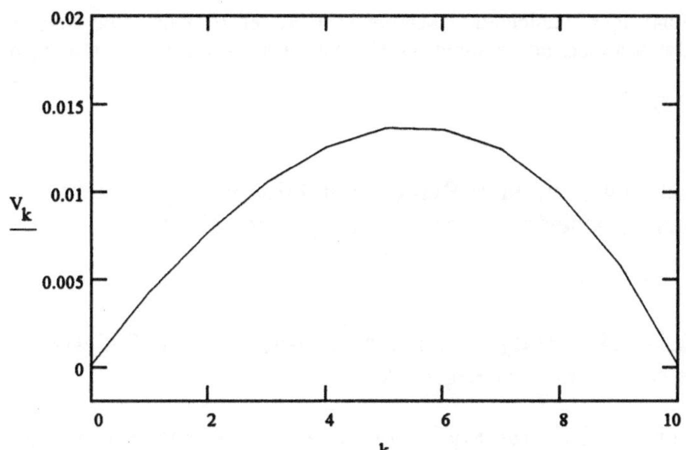

Bild 5.2: Verlauf des Deckungskapitals

5.1.6 Erlebensfallversicherung - gegen Sofortbetrag

Die Versicherungsleistung (Einmalzahlung) S wird fällig, wenn der Versicherungsnehmer nach Ablauf der Versicherungsfrist noch lebt. Im Todesfalle wird keine Versicherungssumme gezahlt. Der Versicherer erhält von l_x Versicherungsnehmern den Sofortbetrag E_x. Dieser ist nach n Versicherungsjahren an die noch l_{x+n} lebenden Versicherungsnehmer in jeweils der Höhe $S = 1$ auszuzahlen. Diskontiert nach dem Äquivalenzprinzip erhält man die Bilanz

$$l_x \cdot E_x = l_{x+n} \cdot v^n$$

sowie

$$l_x \cdot E_x \cdot v^x = l_{x+n} \cdot v^{x+n}$$
$$E_x \cdot D_x = D_{x+n}$$

und damit

$$E_x = \frac{D_{x+n}}{D_x} \tag{5.8}$$

bzw.

$$E_x = S \cdot \frac{D_{x+n}}{D_x}.$$

Beispiel 5.8: Ein 50jähriger Versicherungsnehmer schließt für 10 Jahre eine Versicherung auf den Lebensfall ab. Die Versicherungssumme sei 100.000 DM. Welcher Sofortbetrag müßte jetzt vereinbart werden?
Ergebnis: 59.818,93 DM.

Wird die Einmalzahlung S zu einer Rente umfunktioniert, so entsteht eine, wie in Abschnitt 4.4 in vier verschiedenen Modellen aufgeführte, Leibrente.

5.1.7 Erlebensfallversicherung - Beitragszahlung bis zum Todesfall, spätestens zum Versicherungsende

Der in 5.1.6 bezeichnete Sofortbetrag ist umzuwandeln in eine Beitragszahlung F_x, die auf n Jahre befristet ist, aber im Todesfalle sofort aussetzen soll. Die Versicherungssumme S wird auf jeden Fall am Ende der Versicherungsdauer gezahlt, d.h. nach n Jahren. Dazu die Bilanz:

$$F_x \cdot (l_x + l_{x+1} \cdot v + \ldots + l_{x+n-1} \cdot v^{n-1}) = l_{x+n} \cdot v^n$$
$$F_x \cdot (N_x - N_{x+n}) = D_{x+n}$$

und damit

$$F_x = \frac{D_{x+n}}{N_x - N_{x+n}} \qquad\qquad (5.9)$$

bzw.

$$F_x = S \cdot \frac{D_{x+n}}{N_x - N_{x+n}}.$$

Beispiel 5.9: Ein 50jähriger Versicherungsnehmer schließt auf 10 Jahre eine Erlebensfallversicherung auf die Versicherungssumme 100.000 DM ab. Er zahle Beiträge über alle 10 Jahre bzw. bis zum Todesfalle. Wie groß ist sein jährlicher Versicherungsbeitrag?
Ergebnis: 7.389,42 DM.

5.1.8 Gemischte Versicherung - gegen Sofortbetrag

Hier handelt es sich um eine Modifizierung der in 5.1.6 behandelten Erlebensfallversicherung gegen Sofortbetrag; die Modifizierung besteht darin, daß die Versicherungssumme S im vorzeitigen Todesfalle oder am Ende der Versicherungsdauer gezahlt wird. Der Sofortbetrag sei $A_{x:n}$; dann gilt die Bilanz

$$l_x \cdot A_{x:n} = d_x \cdot v + d_{x+1} \cdot v^2 + \dots + d_{x+n-1} \cdot v^n + l_{x+n} \cdot v^n.$$

Daraus folgt

$$A_{x:n} = \frac{C_x + C_{x+1} + \dots + C_{x+n-1} + D_{x+n}}{D_x}$$

$$A_{x:n} = \frac{M_x - M_{x+n} + D_{x+n}}{D_x} \tag{5.10}$$

bzw.

$$A_{x:n} = S \cdot \frac{M_x - M_{x+n} + D_{x+n}}{D_x}.$$

Beispiel 5.10: Zum Vergleich mit den vorangehenden Beispielen bleiben wir bei einem 50jährigen Versicherungsnehmer, der auf 10 Jahre eine Lebensversicherung wie folgt abschließt: Versicherungssumme 100.000 DM, auszuzahlen im Todesfalle bzw. im Erlebensfalle nach 10 Jahren. Wie groß ist der jetzt zu veranschlagende Sofortbetrag?
Ergebnis: $S = 100.000$ DM, $n = 10$, $x = 50$. Dann folgt aus den Tabellen für M und D:
$A_{x:n} = 69.226{,}40$ DM.

5.1.9 Gemischte Versicherung - Beitragszahlung bis zum Todesfall, spätestens zum Versicherungsende

Der in Anschnitt 5.1.8 genannte Sofortbeitrag ist zu ersetzen durch eine jährliche Beitragszahlung $B_{x:n}$, die im Todesfalle vorzeitig abbricht. Der Formelapparat (5.10) kann dann abgeändert werden in

$$B_{x:n} \cdot (l_x + l_{x+1} \cdot v + \dots + l_{x+n-1} \cdot v^{n-1}) = d_x \cdot v + d_{x+1} \cdot v^2 + \dots + d_{x+n-1} \cdot v^n + l_{x+n} \cdot v^n.$$

Daraus entsteht

$$B_{x:n} = \frac{M_x - M_{x+n} + D_{x+n}}{N_x - N_{x+n}} \tag{5.11}$$

bzw.

$$B_{x:n} = S \cdot \frac{M_x - M_{x+n} + D_{x+n}}{N_x - N_{x+n}}.$$

Beispiel 5.11: Wir nehmen Beispiel 5.10 und ersetzen lediglich den Sofortbetrag durch eine jährliche Beitragszahlung. Wie hoch ist der Jahresbeitrag? Wie hoch wäre der nachschüssig verzinsliche Monatsbeitrag?
Ergebnis: Jahresbeitrag: 8.549,87 DM; Monatsbeitrag: 699,66 DM.

5.1.10   Gemischte Lebensversicherung - befristete Beitragszahlung

Wir setzen die Auflistung von Varianten einer Lebensversicherung mit dem folgenden Fall fort: Ein Versicherungsnehmer schließt eine Versicherung auf n Jahre ab, zahlt aber nur jährliche Beiträge t Jahre lang ($t < n$). Im vorzeitigen Todesfalle bzw. am Ende der n-jährigen Versicherungsdauer erhält der Versicherungsnehmer die Versicherungssumme S ausgezahlt. Dazu die Bilanz

$$_t A_{x:n} \cdot (l_x + l_{x+1} \cdot v + \ldots + l_{x+t-1} \cdot v^{t-1}) = d_x \cdot v + d_{x+1} \cdot v^2 + \ldots + d_{x+n-1} \cdot v^n + l_{x+n} \cdot v^n.$$

Hieraus ergibt sich schließlich für die Versicherungssumme $S = 1$

$$_t A_{x:n} = \frac{M_x - M_{x+n} + D_{x+n}}{N_x - N_{x+t}} \tag{5.12}$$

bzw.

$$_t A_{x:n} = S \cdot \frac{M_x - M_{x+n} + D_{x+n}}{N_x - N_{x+t}}.$$

Beispiel 5.10: Ein 50jähriger Versicherungsnehmer schließt eine auf 10 Jahre laufende Lebensversicherung mit der Versicherungssumme 100.000 DM ab, die entweder im Todesfalle innerhalb der kommenden 10 Jahre oder im Erlebensfalle am Ende der Versicherungsdauer ausgezahlt wird. Er möchte aber nur jährliche Beiträge in den ersten 5 Jahren entrichten. Wie hoch ist der Jahresbeitrag?
Ergebnis: 15.193,14 DM.

5.1.11   Versicherung mit Bonus

Wir betrachten jetzt eine unbefristete Todesfallversicherung mit befristeter (n Jahre oder kürzer im Todesfalle) Zahlungsdauer für die Jahresbeiträge. Außerdem werde vereinbart, daß im Falle des Erlebens des Endes der Beitragszahlungsdauer ein Bonus von s % der Versicherungssumme gewährt wird.

Dieser Fall ist vergleichbar mit dem Fall 5.1.4. In der Bilanz der Ein- und Auszahlungen ergeben sich

$$G_x \cdot (l_x + l_{x+1} \cdot v + \ldots + l_{x+n-1} \cdot v^{n-1}) = d_x \cdot v + d_{x+1} \cdot v^2 + \ldots + d_A \cdot v^{A-x+1} + \frac{s}{100} l_{x+n} \cdot v^n$$

und daraus als Jahresbeitrag für n Jahre

$$G_x = \frac{M_x + \dfrac{s}{100} \cdot D_{x+n}}{N_x - N_{x+n}};$$

dieses Ergebnis ist (5.6) ziemlich ähnlich.

Beispiel 5.13: Ein 50jähriger läßt sich unbefristet auf den Todesfall versichern. Die Versicherungssumme sei 100.000 DM. Die Zahlung des Versicherungsnehmers soll in 10 Jahresbeiträgen erfolgen. Dem Versicherungsnehmer wird bei Zahlung aller 10 Jahresbeiträge ein Bonus von 5% der Versicherungssumme gewährt. Wie groß sind die Jahresbeiträge? (Vergleichen Sie mit Beispiel 5.6!)
Ergebnis: 5.759,29 DM.

Der Leser wird nunmehr in der Lage sein, ähnliche andere Modellfälle bearbeiten zu können.

5.2 Rentenversicherungen (Leibrenten)

Neben den in Kapitel 2 betrachteten (zeitlich fest befristeten) Renten, wollen wir jetzt die *Leibrente* behandeln. Eine Leibrente setzt ab einem gewissen Lebensalter als regelmäßige Zahlung ein und wird bis zum Lebensende der Person gezahlt. Da jedoch das Lebensende (die Lebenserwartung, die Zahlungsdauer) zufällig ist, ist zwar die Summe der Einzahlungen auf diese Rente determiniert, aber die Summe der Auszahlungen eben zufällig. Hier muß ein Kompromiß, ein statistisches Gleichgewicht, ähnlich wie bei den Lebensversicherungen, gefunden werden. Zunächst betrachten wir einige wichtige Beispiele, und danach widmen wir uns einigen allgemeineren stochastischen Belangen.

5.2.1 Leibrenten auf Lebenszeit

Der Gesamtwert einer Leibrente ist abhängig von der Höhe der eingezahlten Beiträge bzw. des bereitgestellten Gesamtkapitals, von der Höhe der Auszahlungen, vom Zinssatz und von der Zahlungsdauer. Ersatzweise muß natürlich hier die mittlere

Restlebensdauer herangezogen werden, die aus der Sterbetafel erhalten wird. Im konkreten Falle kann es jedoch passieren, daß bei Abschluß einer solchen Leibrente schon ziemlich klar ist, daß der Rentenempfänger als ein rüstiger, gesunder Mann noch ziemlich lange leben könnte und damit Rentenzahlungen auch lange andauern werden, vielleicht im Gegensatz zu einem anderen Mann, der eine solche Leibrente abschließen möchte, aber dessen baldiges Ableben zu erahnen ist. In solchen Fällen wird mit Gesundheitsüberprüfungen gearbeitet; diese Einflüsse schließen wir hier aus.

Zunächst betrachten wir den Gesamtbarwert einer jährlichen Leibrente auf Lebenszeit. Der Rentenempfänger habe mit der ersten Rentenzahlung genau das Lebensjahr x vollendet. Außerdem liege eine hinreichend große statistische Gesamtheit solcher Rentenempfänger vor.

Die Gesamtheit der Empfänger der ersten Rentenzahlung habe den Umfang l_x (laut Sterbetafel). Dann beträgt der Rentenbarwert des Gesamtkapitals $l_x \cdot s_x'$. Von diesem Betrag werden zukünftig alle Rentenbeträge, der Einfachheit halber sämtlich vom Wert 1, ausgezahlt. Der erste Rentenbetrag ist an l_x Personen zu zahlen, mithin beträgt er insgesamt l_x. Der zweite Rentenbetrag geht an l_{x+1} Personen, aber mit dem diskontierten Barwert $l_{x+1} \cdot v$. Nach k Jahren leben noch l_{x+k} Personen, die insgesamt Zahlungen vom Barwert $l_{x+k} \cdot v^k$ erhalten. Eigentlich erfolgt keine letzte Zahlung, aber bei Annahme des Höchstalters A erfolgt die letzte Zahlung an l_A Personen mit dem Zahlungsbarwert $l_A \cdot v^{A-x}$.

Der Barwert aller Rentenbeträge ergibt sich zu

$$l_x \cdot s_x' = l_x + l_{x+1} \cdot v + l_{x+2} \cdot v^2 + \ldots + l_A \cdot v^{A-x} = \sum_{k=0}^{A-x} l_{x+k} \cdot v^k \,. \tag{5.13}$$

Der Zufallscharakter des Problems steckt in den Zahlen l_x aus der Sterbetafel. Für den einzelnen Versicherten ergibt sich der Barwert als Durchschnitt

$$s_x' = \frac{l_x + l_{x+1} \cdot v + \ldots + l_A \cdot v^{A-x}}{l_x} \,;$$

wird dieser Bruch mit v^x erweitert und die Definition der Kommutationszahl D_x genutzt, erhält man

$$s_x' = \frac{D_x + D_{x+1} + \ldots + D_A}{D_x} \,;$$

mit der Definition der Kommutationszahl N_x wird

$$s_x' = \frac{N_x}{D_x}.$$

(5.14)

Das ist der Standard des vorschüssigen Rentenbarwertfaktors bei „zufälligen" Renten in der Versicherungsmathematik (im Gegensatz zu den Zeitrenten in der Finanzmathematik) - dieser wird auch mit a_x bezeichnet. Für eine nachschüssige Rentenzahlung muß nur in folgender Weise verändert werden:

$$s_x = s_x' - 1,$$

d.h., die allererste Zahlung vom Wert 1 entfällt. Das ist nun der Standard des nachschüssigen Rentenbarwertfaktors - er wird auch mit a_x bezeichnet.

Natürlich unterliegen alle nunmehr möglichen Berechnungen der Sterbetafel. Aber auch diese Tafel kann nicht das Sterbeverhalten für die nächsten 20, 30 oder 40 Jahre wiedergeben, so daß alle Betrachtungen nur statistischen Wert haben. Auf jeden Fall wird es Abweichungen nach der einen oder anderen Seite geben, d.h. mehr Risiko für den Versicherer oder mehr Risiko für den Versicherten. Da der Versicherer seinen Gewinn sichern will, wird er den Verlust doch in Richtung Versicherungsnehmer verlagern (aber selbstverständlich im Rahmen gesetzlicher Grenzen). Aufsichtsbehörden wachen darüber, daß stets die neuesten Sterbetafeln verwendet werden und die Sterbetafeln regelmäßig erneuert werden. Auch werden Sterbetafeln auf Grund aktueller gegenwärtiger Entwicklung in die allernächste Zukunft projiziert.

Beispiel 5.14: Welcher Betrag müßte jetzt zur Verfügung stehen, etwa in Gestalt einer Immobilie, um einem 50jährigen Mann eine vorschüssige Leibrente mit dem Jahresbetrag 30.000 DM zahlen zu können?
Ergebnis: Aus der Tafel mit den Kommutationswerten D und N und einem für die Aufgabenstellung geeigneten Zinssatz (4%) sind N_x und D_x bzw. s_x' für $x = 50$ auszuwählen, entsprechend (5.14) zu verfahren und mit 30.000 zu multiplizieren: 452.731,77 DM.

Beispiel 5.15: Ein Kapitalwert von 460.000 DM wird auf eine Leibrente eines 55jährigen Mannes angesetzt, die jährlich nachschüssig gezahlt werden soll. Auf welchen Jahresbetrag kann der Mann hoffen? Welcher Monatsrente entspricht das?
Ergebnis: Nachschüssiger Rentenbarwert $s_{55}' - 1 = 12{,}4291$; Jahresrente 37.009,82 DM; Monatsrente 3.028,63 DM (unterjährliche nachschüssige Zahlweise).

5.2.2 Befristete Leibrenten

In gleicher Weise betrachten wir jetzt eine Leibrente auf begrenzte Zeit. Ab Lebensalter x wird n Jahre lang vorschüssig eine Leibrente vom Wert 1 gezahlt. Welchen Barwert besitzt eine solche Rente. Hier gilt analog (5.13) für den Barwert aller Rentenbeträge nach dem Äquivalenzprinzip

$$l_x + l_{x+1}v + l_{x+2}v^2 + \ldots + l_{x+n-1}v^{n-1}$$
$$= (l_x + l_{x+1}v \ldots + l_A v^{A-x}) - (l_{x+n}v^n + \ldots + l_A v^{A-x}),$$

und das ist die Differenz zweier Barwerte der Rentenbeträge für den Fall nicht begrenzter Leibrenten. Somit erhalten wir als Rentenbarwertfaktor für eine zeitlich begrenzte Leibrente

$$s_{x:n}{}' = \frac{D_x + D_{x+1} + \ldots + D_{x+n-1}}{D_x} = \frac{N_x - N_{x+n}}{D_x} \tag{5.15}$$

oder mit den Rentenbarwerten einer unbegrenzten Leibrente

$$s_{x:n}{}' = s_x{}' - \frac{D_{x+n}}{D_x} s_{x+n}{}' .$$

Beispiel 5.16: Ein 55jähriger Versicherungsnehmer vereinbart 10 vorschüssige Zahlungen einer Leibrente von jährlich 25.000 DM. Welchen Barwert besitzt dieser Vertrag?
Ergebnis: $N_{55} = 134.446,010$; $N_{65} = 55.332,364$; $D_{55} = 10.011,554$. Daraus folgt $s_{55:10}{}' = 7,902234$ und dies multipliziert mit 25.000: 197.555,85 DM.

Beispiel 5.17: Wie lange könnte maximal einem jetzt 55jährigen eine jährliche vorschüssige Leibrente von 25.000 DM gezahlt werden, wenn dies durch ein Kapital von 300.000 DM gesichert ist?
Ergebnis: Die Formel (5.15) ist nach N_{x+n} aufzulösen, und dieser Wert ist in einer Tabelle für N_x zu suchen, dann erhält man: das Kapital reicht bis zum Alter von 75 Jahren. Zur Kontrolle berechne man: bei 20 Zahlungen sind erreicht: 298.215,57 DM, bei 21 Zahlungen: 304.030,87 DM.

Beispiel 5.18: Ein jetzt 60jähriger gewährt ein Darlehen von 100.000 DM. Dieses Darlehen soll durch eine 20 Jahre zu zahlende Leibrente beglichen werden (Verzinsung und Tilgung). Wie groß ist der jährliche Rentenbetrag? Wie groß wäre der Rentenbetrag bei Ersatz der Leibrente durch eine Zeitrente über 20 Jahre?
Ergebnis: Aus (5.15) folgt der jährliche Betrag der Leibrente: 9.151,06 DM. Aus dem vorschüssigen Rentenbarwertfaktor folgt der jährliche Betrag einer entsprechenden Zeitrente: 7.075,17 DM. Die Leibrente ist natürlich höher, da mit dem Ableben des Mannes zu rechnen ist.

Die Rechnungen werden umständlich, wenn ein anderer Zinssatz verwendet werden soll bzw. wenn überhaupt nach einem solchen Zinssatz gefragt wird. Jedesmal müßten die Tafeln der Kommutationszahlen neu angelegt werden bzw. es müßten Kommutationszahlentafeln mit eng beieinander liegenden Zinssätzen zur Verfügung stehen. Die Verwendung analytischer Ausdrücke, etwa zur Verwendung numerischer Näherungsverfahren, ist solange nicht möglich, wie die Sterbetafel nur als Tafel und nicht als Zeitfunktion vorliegt. Natürlich ist rechentechnisch, etwa mit Splines, alles realisierbar.

5.2.3 Aufgeschobene Leibrenten auf Lebenszeit

Betrachtet wird jetzt eine aufgeschobene unbefristete Leibrente. Aufgeschoben heißt: zu Beginn muß ein Rentenbarwert zur Verfügung stehen, der jedoch erst nach Jahren, aber dann auf Lebenszeit, zur jährlichen Auszahlung kommt. Die jetzige Gesamtheit besteht aus l_x Anwärtern; nach t Jahren beginnt die Auszahlung an l_{x+t}, dann l_{x+t+1} usw. Überlebende. Nach dem Äquivalenzprinzip umgerechnet heißt das:

$$l_x \cdot {}_t s_x{}' = l_{x+t}\, v^t + l_{x+t+1}\, v^{t+1} + \ldots + l_A\, v^{A-x},$$

und daraus folgt für den entsprechenden Barwertfaktor ${}_t s_x{}'$:

$${}_t s_x{}' = \frac{D_{x+t} + D_{x+t+1} + \ldots + D_A}{D_x} = \frac{N_{x+t}}{D_x}\,. \qquad (5.16)$$

Zusammen mit (5.15) kann man nunmehr feststellen

$$s_{x:t}{}' = s_x{}' - {}_t s_x{}'\,.$$

Beispiel 5.19: Für einen 53jährigen Rentenversicherungsnehmer ist ein Barwert bereitzustellen, damit ihm ab dem 65. Lebensjahr eine Jahresrente von 20.000 DM gezahlt werden kann. Wie groß müßte dieser Barwert jetzt sein?
Ergebnis: $D_{53} = 11.064{,}349$; $N_{65} = 55.332{,}364$. Daraus folgt ${}_{12}s_{53} = 100.019{,}19$ DM.

Beispiel 5.20: In welchem Lebensalter müßten 150.000 DM bereitgehalten werden, damit gemäß Beispiel 2.18 ab dem 65. Lebensjahr jährlich 20.000 DM gezahlt werden können?
Ergebnis: Es muß gelten: ${}_n s_x = 7{,}5$; also $D_x = N_{65}\,/\,7{,}5$. Aus der Tafel folgt für $D_x = 7.377{,}65$ ein Lebensalter zwischen 60 und 61 Jahren, d.h., gesichert ist die Leibrente für $x = 60$.

Beispiel 5.21: Betrachten Sie Beispiel 2.19 für den Barwert 200.000 DM!
Ergebnis: Wenn wir die eben durchgeführten Rechnungen für den angegebenen Barwert nachvollziehen, stellen wir fest, daß der Versicherungsnehmer mit den Jahresbeträgen von 20.000 DM dieses Kapital gar nicht „ableben" kann.

5.2.4 Aufgeschobene befristete Leibrenten

Wir halten uns an Abschnitt 5.2.3, begrenzen aber die Zahlungen hinsichtlich der Zeit: l_x Personen halten einen Barwert bereit, der nach t Jahren in n Jahresbeträgen an l_{x+t}, l_{x+t+1},..., $l_{x+t+n-1}$ Überlebende zur Auszahlung kommt:

$$l_x \; {}_{t/n}s_x{}' = l_{x+t}\, v^t + l_{x+t+1}\, v^{t+1} + \ldots + l_{x+t+n-1}\, v^{t+n-1}$$

$$_{t/n}s_x{}' = \frac{D_{x+t} + D_{x+t+1} + \ldots + D_{x+t+n-1}}{D_x} = \frac{N_{x+t} - N_{x+t+n}}{D_x}. \tag{5.17}$$

Es gilt

$$_{t/n}s_x{}' = {}_s s_x{}' - {}_{t+n}s_x{}'.$$

Beispiel 5.22: Berechnen Sie den Barwert einer in 15 Jahren beginnenden und auf 20 Jahre laufenden Leibrente von jährlich 18.000 DM eines jetzt 50jährigen! Vergleichen Sie den gleichen Vorgang für eine Zeitrente!
Ergebnis: N_{65} = 55.332,364; N_{85} = 1.672,294; D_{50} = 12.762,329. Barwertfaktor $_{15/20}s_{50}$ = 4,204571; Barwert 75.682,21 DM. Bei einer Zeitrente müßten im 50.Lebensjahr 141.265,31 DM für die 20 Jahre andauernden Zahlungen bereitgestellt werden. Natürlich ist der Barwert im Falle der Leibrente bedeutend kleiner, weil mit dem Tod bis zum 85. Lebensjahr durchaus gerechnet werden muß, d.h. die Zahlungen früher abgesetzt werden könnten.

5.3   Übergang zu Bruttowerten

5.3.1   Zusätzliche Kosten einer Versicherung

Bisher hatten wir in den Bilanzen nur die eigentlichen Leistungen des Versicherers an den Versicherungsnehmer und umgekehrt die Zahlungen des Versicherungsnehmers an den Versicherer berücksichtigt. Solche einfachen Bilanzen ergaben dann den Begriff der **Nettoprämien**.

Der Versicherer hat jedoch weitere Ausgaben und weiterer Bedarf zum Ausgleich für das Risiko. Wir führen ein:

Definition 5.1:

α *Abschlußkosten bei Versicherungsbeginn*

β *Verwaltungskosten während der Zahlungsdauer der Beiträge des Versicherungsnehmers*

γ *Verwaltungskosten während der gesamten Versicherungsdauer*

σ *Sicherheitszuschlag*

Die Abschlußkosten α enthalten die Provision für die Versicherungsagentur bei Neuabschluß, Kosten für die Vertragsausfertigung, Kosten für die Werbung, auch Kosten für ärztliche Untersuchungen z.B. bei Lebensversicherungen. Sie sind proportional zur Versicherungssumme (relativer Anteil an der Versicherungssumme). Gelegentlich werden hier teilweise Festkosten pro Versicherungsvertrag angerechnet.

Die Verwaltungskosten (Inkassokosten) β enthalten den Aufwandsausgleich für den Zahlungsverkehr bei den Prämien- oder Sofortzahlungen, ggf. auch die Zuschläge bei Ratenzahlungen innerhalb eines Jahres. Sie sind proportional dem Wert des Jahresbeitrages, in der Regel der Bruttoprämie (relativer Anteil).

Die Verwaltungskosten γ enthalten alle Kosten für den Betrieb des Versicherungsunternehmens, so z.B. Personalkosten, Mietkosten, Kosten für die technischen Anlagen einschließlich der elektronischen Datenverarbeitung, Steuern und Abgaben. Sie sind proportional zur Versicherungssumme (relativer Anteil).

Der Sicherheitszuschlag σ dient der Zahlungsfähigkeit des Versicherers. Seine Höhe ehrlich festzulegen, ist eine fast unmögliche Aufgabe, weil hier Entwicklungen einbezogen werden müssen, die mit subjektiven Faktoren der Masse der Versicherungsnehmer in der Zukunft, aber auch mit dem zukünftigen Geldmarkt generell zusammenhängen. In der Regel wird wie folgt verfahren: die Jahresbeiträge sind nicht proportional zur Versicherungssumme, sondern der prozentuale Anteil des Jahresbeitrages steigt mit der Versicherungssumme. Hierfür gibt es exponentielle Ansätze: anstelle der Verlustbilanz gemäß

$$EV = 0$$

wird die Verlustbilanz nach dem Modell

$$E(e^{\lambda V}) = 1$$

betrachtet, wobei der Parameter λ progressiv nach dem Sicherheitsbedarf des Versicherers einstellbar ist. Kleine λ - wenig Sicherheitsbedarf, größere λ - größerer Sicherheitsbedarf. Der mit dem Rechnen in Wahrscheinlichkeitsverteilungen Vertraute möge einige Exempel durcharbeiten!

5.3.2 Bruttoprämie

Die **Bruttoprämie** entsteht aus der Nettoprämie durch Ergänzung aller Kostenanteile, die aus den in Abschnitt 5.3.1 genannten Kostenfaktoren hervorgehen. Dafür muß der Versicherungsnehmer aufkommen. Der Barwert der Einzahlungen des Versicherungsnehmers soll gleich sein dem Barwert der Gesamtleistung des Versicherers zuzüglich der in Definition 5.1 genannten Kosten.

Wir betrachten für die Versicherungssumme 1 die folgende Gesamtbilanz für die Bruttoprämie P_B

$$P_B = P_N + P_\alpha + P_\beta + P_\gamma + P_\sigma \ .$$

Dabei ist P_N die Nettoprämie, der Netto-Jahresbeitrag, wie z.B. in den Fällen 5.1.1 bis 5.1.11. Die weiteren Summanden gehören zu den verschiedenen Kostenfaktoren (siehe Definition 5.1). Wir könnten beispielsweise ganz einfach setzen

$$P_\alpha = \alpha$$
$$P_\beta = \beta \cdot P_B$$
$$P_\gamma = \gamma$$
$$P_\sigma = \sigma \cdot P_B.$$

Die Beziehung zwischen Bruttoprämie und Nettoprämie ist dann

$$P_B = \frac{P_N + \alpha + \gamma}{1 - \beta - \sigma} \ .$$

Die Literatur verweist auf manch kompliziertere Zusammenhänge; realer werden die Ergebnisse dadurch kaum.

5.4 Andere Formen von Ausscheideursachen in Personenversicherungen

In den genannten Beispielen der Lebensversicherung sowie der Leibrenten gab es nur einen Ausscheidegrund, den Tod. Zu dessen statistischer Beschreibung stehen die Sterbetafeln „für die normale Bevölkerung" zur Verfügung. Diese reichen nicht mehr aus, wenn weitere Ausscheideursachen hinzukommen. Es ist nur leider so, daß das statistische Material für andere Ausscheideursachen entweder nicht diese statistische Sicherheit trägt wie (normale) Sterbetafeln oder weniger gut zugänglich ist. Andere Formen von Personenversicherung sind

- Altersversicherungen
- Invalidenversicherungen
- Berufsunfähigkeitsversicherungen
- Witwenversicherungen
- Waisenversicherungen (Halbwaisen und Vollwaisen)

sowie Lebensversicherungen auf den Todesfall oder den Erlebensfall für mehrere Leben, z.B. für Ehepaare (Lebensversicherungen für verbundene Leben). Der Leser möge sich umsehen nach weiteren Formen von Sterbetafeln außerhalb der Lebensversicherungen. In vielen Fällen verfügen die Versicherungsgesellschaften lediglich Tariftabellen, ohne daß deren statistische Herkunft erkennbar ist.

Anstelle der in Definition 4.4 dargestellten Überlebenden im x-ten Lebensjahr sollte nunmehr stehen: die in der Versicherung Verbleibenden im x-ten Lebensjahr:

$$l_{x+1} = l_x (1 - q_x - i_x) \, .$$

Mit i_x steht neben der Sterbewahrscheinlichkeit im x-ten Lebensjahr die Wahrscheinlichkeit des Ausscheidens aus der Menge der Versicherten aus einem anderen Grund. Die Berechtigung, die Summe von Wahrscheinlichkeiten zu benutzen, steht in Übereinstimmung mit der Voraussetzung, daß unterschiedliche Ausscheideursachen unvereinbare Ereignisse seien (siehe dazu Abschnitt 4.4.2). Das ist sicherlich praktisch bestenfalls näherungsweise richtig, zumal auch die Ausscheideursachen stochastisch nicht unabhängig sind. Beispielsweise sind in einer Berufsunfähigkeitsversicherung das Erreichen des Zustandes der Berufsunfähigkeit und der Tod eng verknüpfte Ereignisse.

Zur Anpassung an reale Verhältnisse werden für verschiedene Versicherungsarten auch verschiedene Sterbetafeln benutzt; die Sterbetafeln werden dann auf ganz bestimmte Bevölkerungsschichten bezogen. Für Rentenversicherungen werden andere Tafeln verwendet als für Berufsunfähigkeitsversicherung oder Invalidenversicherungen. Die Sterblichkeit eines Altersrentners, der vor Beginn des Eintritts in die Altersrente invalide war, wird mit Sicherheit etwas größer sein als die Sterblichkeit eines Altersrentners, der bis zum Eintritt in die Altersrente aktiv war. Auch der Zeitpunkt der Invalidisierung ist eine wichtige Größe, die auf die Sterbewahrscheinlichkeit großen Einfluß hat. Inwieweit das alles in der spezifischen Sterbetafel erfaßt ist, muß im jeweiligen Falle erfragt bzw. erkundet werden. Der Mangel an statistisch tragfähigem Material für Besonderheiten hinsichtlich der Ausscheideursachen führt oft dazu, daß die gängigen Sterbetafeln für alle möglichen Zwecke eingesetzt werden. Eigentlich sollte für jeden Zweck, für jede Art von Personenversicherung, eine Tafel für die Ausscheidewahrscheinlichkeiten q_x^A vorliegen, so daß gemäß Definition 4.4 generell gilt

$$l_{x+1} = l_x (1 - q_x^A)$$

sowie alle Schlußfolgerungen daraus, wie etwa die Anzahl Gestorbener, davon abgeleitete diskontierte Größen und Summen diskontierter Größen.

Bei einer Halbwaisenversicherung bzw. -rente gelten als Ausscheideursachen der Tod, aber auch die Möglichkeit, im Jahre x Vollwaise zu werden. Andererseits muß aber in diesem konkreten Falle die sogenannte Anwartschaft, der Übergang, auf eine Vollwaisenversicherung bzw. -rente gesichert sein.

Nicht jede Ausscheideursache ist ein mit dem Tod verbundenes Ereignis. So ist z.B. bei Witwen-/Witwerrenten neben dem Todesfall das Ausscheiden aus der Versichertenmenge durch Wiederheirat eine mögliche Ausscheideursache. Auch die Stornierung des Versicherungsvertrages ist eine mögliche Ausscheideursache; dafür gibt es geschätzte Stornowahrscheinlichkeiten.

Tabellen und Bilder

A. Sterbetafeln

DAV-Sterbetafel 1994 T - Männer

x	$10^3\,q_x$	l_x	d_x	D_x	N_x	C_x	M_x	A_x	E_x
0	11.687	100000	1168.70	100000	2371314	1168.70	9146.91	23.7131	70.2212
1	1.008	98831.3	99.6220	95030.1	2271314	95.7903	7978.21	23.9010	71.0397
2	0.728	98731.7	71.8767	91283.0	2176284	66.4540	7882.42	23.8411	71.1094
3	0.542	98659.8	53.4736	87708.2	2085001	47.5378	7815.97	23.7720	71.1590
4	0.473	98606.3	46.6408	84289.1	1997293	39.8687	7768.43	23.6958	71.1954
5	0.452	98559.7	44.5490	81008.9	1913004	36.6160	7728.56	23.6148	71.2267
6	0.433	98515.1	42.6571	77857.9	1831995	33.7125	7691.95	23.5300	71.2562
7	0.408	98472.5	40.1768	74831.0	1754137	30.5310	7658.23	23.4413	71.2841
8	0.379	98432.3	37.3058	71923.5	1679306	27.2590	7627.70	23.3485	71.3099
9	0.352	98395.0	34.6350	69131.0	1607383	24.3341	7600.44	23.2513	71.3335
10	0.334	98360.4	32.8524	66448.7	1538252	22.1939	7576.11	23.1495	71.3551
11	0.331	98327.5	32.5464	63871.7	1471803	21.1415	7553.92	23.0431	71.3753
12	0.340	98295.0	33.4203	61394.7	1407931	20.8742	7532.77	22.9324	71.3949
13	0.371	98261.5	36.4550	59013.3	1346537	21.8939	7511.90	22.8175	71.4148
14	0.451	98225.1	44.2995	56722.5	1287523	25.5819	7490.01	22.6986	71.4361
15	0.593	98180.8	58.2212	54516.3	1230801	32.3282	7464.42	22.5768	71.4616
16	0.792	98122.6	77.7131	52388.4	1176284	41.4916	7432.10	22.4531	71.4945
17	1.040	98044.9	101.967	50333.6	1123896	52.3469	7390.61	22.3289	71.5377
18	1.298	97943.9	127.130	48347.4	1073562	62.7549	7338.26	22.2052	71.5934
19	1.437	97815.8	140.561	46427.5	1025215	66.7163	7275.50	22.0821	71.6618
20	1.476	97675.2	144.169	44577.7	978787	65.7967	7208.79	21.9569	71.7361
21	1.476	97531.0	143.956	42799.9	934210	63.1726	7142.99	21.8274	71.8111
22	1.476	97387.1	143.743	41093.0	891410	60.6533	7079.82	21.6925	71.8847
23	1.476	97243.3	143.531	39454.2	850317	58.2344	7019.16	21.5520	71.9570
24	1.476	97099.8	143.319	37880.7	810863	55.9119	6960.93	21.4057	72.0279
25	1.476	96956.5	143.108	36370.0	772982	53.6821	6905.02	21.2533	72.0974
26	1.476	96813.4	142.897	34919.5	736612	51.5412	6851.34	21.0946	72.1656
27	1.476	96670.5	142.686	33526.9	701692	49.4857	6799.79	20.9292	72.2323
28	1.476	96527.8	142.475	32189.8	668166	47.5122	6750.31	20.7570	72.2977
29	1.476	96385.3	142.265	30906.1	635976	45.6174	6702.80	20.5777	72.3617
30	1.476	96243.0	142.055	29673.5	605070	43.7981	6657.18	20.3909	72.4243
31	1.476	96101.0	141.845	28490.1	575396	42.0514	6613.38	20.1963	72.4856
32	1.489	95959.2	142.883	27353.9	546906	40.7300	6571.33	19.9937	72.5454
33	1.551	95816.3	148.611	26262.7	519552	40.7334	6530.60	19.7829	72.6044
34	1.641	95667.7	156.991	25213.4	493289	41.3752	6489.87	19.5646	72.6643
35	1.747	95510.7	166.857	24203.9	468076	42.2842	6448.49	19.3389	72.7262
36	1.869	95343.8	178.198	23232.3	443872	43.4212	6406.21	19.1058	72.7905
37	2.007	95165.6	190.997	22297.0	420640	44.7501	6362.79	18.8653	72.8575
38	2.167	94974.6	205.810	21396.4	398343	46.3660	6318.03	18.6173	72.9276

x	$10^3\,q_x$	l_x	d_x	D_x	N_x	C_x	M_x	A_x	E_x
39	2.354	94768.8	223.086	20528.9	376946	48.3250	6271.67	18.3618	73.0013
40	2.569	94545.7	242.888	19692.8	356417	50.5909	6223.34	18.0989	73.1618
41	2.823	94302.8	266.217	18886.8	336725	53.3174	6172.75	17.8286	73.1618
42	3.087	94036.6	290.291	18109.1	317838	55.9028	6119.44	17.5513	73.2500
43	3.387	93746.3	317.519	17358.8	299729	58.7944	6063.53	17.2667	73.3437
44	3.726	93428.8	348.116	16634.7	282370	61.9807	6004.74	16.9748	73.4434
45	4.100	93080.7	381.631	15935.3	265735	65.3346	5942.76	16.6760	73.5498
46	4.522	92699.1	419.185	15259.5	249800	69.0037	5877.42	16.3701	73.6632
47	4.983	92279.9	459.831	14606.3	234540	72.7832	5808.42	16.0575	73.7843
48	5.508	91820.0	505.745	13974.5	219934	76.9717	5735.64	15.7383	73.9135
49	6.094	91314.3	616.463	13363.0	205960	90.2139	5658.66	15.4127	74.0515
50	6.751	90697.8	678.873	12762.3	192597	95.5260	5568.45	15.0911	74.2149
51	7.485	90019.0	747.337	12179.6	179834	101.115	5472.92	14.7652	74.3900
52	8.302	89271.6	822.638	11613.9	167655	107.023	5371.81	14.4357	74.5774
53	9.215	88449.0	901.737	11064.3	156041	112.801	5264.79	14.1031	74.7781
54	10.195	87547.2	983.681	10530.3	144976	118.319	5151.99	13.7675	74.9921
55	11.236	86563.6	1068.19	10011.6	134446	123.543	5033.67	13.4291	75.2193
56	12.340	85495.4	1155.81	9507.70	124434	128.535	4910.12	13.0878	75.4595
57	13.519	84339.6	1246.88	9018.43	114927	133.328	4781.59	12.7436	75.7124
58	14.784	83092.7	1341.95	8543.37	105908	137.975	4648.26	12.3966	75.9782
59	16.150	81750.7	1440.86	8082.11	97365.0	142.447	4510.29	12.0470	76.2569
60	17.625	80309.9	1543.80	7634.29	89282.8	146.754	4367.84	11.6950	76.5486
61	19.223	78766.1	1650.62	7199.55	81648.6	150.874	4221.09	11.3408	76.8533
62	20.956	77115.5	1760.78	6777.58	74449.0	154.752	4070.21	10.9847	77.1713
63	22.833	75354.7	1873.17	6368.10	67671.4	158.298	3915.46	10.6267	77.5024
64	24.858	73481.5	1989.37	5970.96	61303.2	161.652	3757.16	10.2670	77.8466
65	27.073	71492.2	2112.74	5585.88	55332.4	165.074	3595.51	9.90585	78.2041
66	29.552	69379.4	2244.42	5212.31	49746.5	168.618	3430.43	9.54413	78.5757
67	32.350	67135.9	2392.15	4849.70	44534.2	172.805	3261.82	9.18297	78.9627
68	35.632	64742.8	2539.47	4497.02	39684.5	176.391	3089.01	8.82473	79.3678
69	39.224	62203.4	2682.64	4154.45	35187.5	179.169	2912.62	8.46994	79.7910
70	43.127	59520.7	2821.28	3822.38	31033.0	181.181	2733.45	8.11888	80.2323
71	47.400	56699.4	2954.04	3501.16	27210.6	182.410	2552.27	7.77203	80.6917
72	52.100	53745.4	3088.86	3191.10	23709.5	183.399	2369.86	7.43002	81.1694
73	57.472	50656.5	3213.65	2892.03	20518.4	183.470	2186.46	7.09498	81.6676
74	63.440	47442.9	3322.85	2604.38	17626.3	182.408	2002.99	6.76815	82.1869
75	70.039	44120.0	3408.18	2328.82	15022.0	179.896	1820.58	6.45068	82.7282
76	77.248	40711.9	3463.48	2066.27	12693.1	175.784	1640.69	6.14326	83.2915
77	85.073	37248.4	3483.99	1817.78	10626.9	170.024	1464.90	5.84636	83.8765
78	93.534	33764.4	3466.32	1584.38	8809.10	162.655	1294.88	5.56029	84.4828
79	102.662	30298.1	3407.84	1367.04	7224.72	153.761	1132.22	5.28530	85.1101
80	112.477	26890.2	3307.36	1166.61	5857.68	143.488	978.464	5.02151	85.7577
81	122.995	23582.9	3165.55	983.776	4691.07	132.053	834.976	4.76893	86.4250
82	134.231	20417.3	2985.26	818.964	3707.29	119.742	702.923	4.52740	87.1110
83	146.212	17432.1	2771.07	672.328	2888.33	106.876	583.180	4.29673	87.8151
84	158.964	14661.0	2529.20	543.704	2216.00	93.7955	476.304	4.07664	88.5361
85	172.512	12131.8	2267.38	432.605	1672.29	80.8521	382.509	3.86677	89.2733
86	186.896	9864.41	1994.44	338.224	1239.69	68.3837	301.657	3.66674	90.0257
87	202.185	7869.97	1718.90	259.461	901.466	56.6697	233.273	3.47626	90.7925

x	$10^3\,q_x$	l_x	d_x	D_x	N_x	C_x	M_x	A_x	E_x
88	218.413	6151.07	1449.17	194.992	642.004	45.9395	176.603	3.29497	91.5729
89	235.597	4701.90	1192.83	143.320	447.012	36.3589	130.664	3.12240	92.3659
90	253.691	3509.07	957.593	102.847	303.693	28.0660	94.3049	2.95761	93.1701
91	272.891	2551.47	747.944	71.9047	200.846	21.0783	66.2389	2.80001	93.9845
92	293.142	1803.53	567.459	48.8716	128.941	15.3768	45.1606	2.64836	94.8076
93	314.638	1236.07	417.469	32.2064	80.0694	10.8774	29.7838	2.50130	95.6374
94	337.739	818.601	296.383	20.5087	47.8630	7.42539	18.9064	2.35761	96.4724
95	362.060	522.219	203.003	12.5801	27.3542	4.89030	11.4810	2.21324	97.3081
96	388.732	319.216	133.804	7.39407	14.7741	3.09934	6.59074	2.06418	98.1399
97	419.166	185.411	83.8074	4.12954	7.38003	1.86659	3.49140	1.90544	98.9625
98	452.008	101.604	49.4201	2.17592	3.25049	1.05837	1.62481	1.71839	99.7565
99	486.400	52.1838	27.5080	1.07457	1.07457	0.566446	0.566446	1.45468	100.473
100	527.137	24.6758	-	-	-	-	-	-	-

DAV-Sterbetafel 1994 T - Frauen

x	$10^3\,q_x$	l_x	d_x	D_x	N_x	C_x	M_x	A_x	E_x
0	9.003	100000	900.300	100000	2425165	865.673	6724.41	24.2516	76.7956
1	0.867	99099.7	85.9194	95288.2	2325165	79.4374	5858.74	24.4014	77.4842
2	0.624	99013.8	61.7846	91543.8	2229877	54.9263	5779.30	24.3586	77.5497
3	0.444	98952.0	43.9347	87968.0	2138333	37.5556	5724.37	24.3081	77.5963
4	0.345	98908.1	34.1233	84547.0	2050365	28.0468	5686.82	24.2512	77.6290
5	0.307	98873.9	30.3543	81267.2	1965818	23.9894	5658.77	24.1896	77.6540
6	0.293	98843.6	28.9612	78117.5	1854551	22.0081	5634.78	24.1246	77.6760
7	0.283	98814.6	27.9645	75091.0	1806433	20.4334	5612.77	24.0566	77.6967
8	0.275	98786.7	27.1663	72182.4	1731342	19.0867	5592.34	23.9856	77.7165
9	0.268	98759.5	26.4675	69387.1	1659160	17.8805	5573.25	23.9116	77.7354
10	0.261	98733.0	25.7693	66700.5	1589773	16.7393	5555.37	23.8345	77.7535
11	0.260	98707.3	25.6639	64118.4	1523072	16.0296	5538.63	23.7541	77.7710
12	0.267	98681.6	26.3480	61636.2	1458954	15.8239	5522.60	23.6704	77.7881
13	0.281	98655.2	27.7221	59249.8	1397318	16.0088	5506.78	23.5835	77.8054
14	0.307	98627.5	30.2786	56954.9	1338068	16.8127	5490.77	23.4934	77.8233
15	0.353	98597.2	34.8048	54747.5	1281113	18.5826	5473.96	23.4004	77.8426
16	0.416	98562.4	41.0020	52623.3	1226365	21.0493	5455.38	23.3046	77.8644
17	0.480	98521.4	47.2903	50578.3	1173742	23.3438	5434.33	23.2065	77.8898
18	0.537	98474.1	52.8806	48609.6	1123164	25.0994	5410.98	23.1058	77.9185
19	0.560	98421.3	55.1159	46714.9	1074554	25.1542	5385.88	23.0024	77.9502
20	0.560	98366.1	55.0850	44893.0	1027839	24.1732	5360.73	22.8953	77.9827
21	0.560	98311.1	55.0542	43142.2	982946	23.2304	5336.56	22.7839	78.0146
22	0.560	98256.0	55.0234	41459.7	939804	22.3244	5313.32	22.6679	78.0460
23	0.560	98201.0	54.9926	39842.7	898344	21.4538	5291.00	22.5473	78.0768
24	0.560	98146.0	54.9618	38288.9	858502	20.6071	5269.55	22.4217	78.1071

x	$10^3\,q_x$	l_x	d_x	D_x	N_x	C_x	M_x	A_x	E_x
25	0.560	98091.0	54.9310	36795.6	820213	19.8130	5248.93	22.2911	78.1369
26	0.560	98036.1	54.9002	35360.6	783417	19.0403	5229.12	22.1551	78.1661
27	0.581	97981.2	56.9270	33981.5	748057	18.9839	5210.08	22.0136	78.1948
28	0.612	97924.3	59.9297	32655.5	714075	19.2165	5191.09	21.8669	78.2239
29	0.645	97864.3	63.1225	31380.3	681420	19.4618	5171.88	21.7149	78.2541
30	0.689	97801.2	67.3850	30153.9	650039	19.9770	5152.41	21.5574	78.2852
31	0.735	97733.8	71.8344	28974.2	619885	20.4770	5132.44	21.3944	78.3178
32	0.783	97662.0	76.4693	27839.3	590911	20.9598	5111.96	21.2258	78.3519
33	0.833	97585.5	81.2887	26747.6	563072	21.4238	5091.00	21.0513	78.3874
34	0.897	97504.2	87.4613	25697.4	536324	22.1640	5069.58	20.8707	78.4244
35	0.971	97416.8	94.5917	24686.9	510627	23.0490	5047.41	20.6841	78.4634
36	1.057	97322.2	102.870	23714.4	485940	24.1020	5024.36	20.4914	78.5047
37	1.156	97219.3	112.386	22778.2	462225	25.3188	5000.26	20.2925	78.5486
38	1.267	97106.9	123.034	21876.8	439447	26.6518	4974.94	20.0874	78.5955
39	1.390	96983.9	134.808	21008.7	417571	28.0790	4948.29	19.8761	78.6458
40	1.524	96849.1	147.598	20172.6	396562	29.5606	4920.21	19.6584	78.6996
41	1.672	96701.5	161.685	19367.2	376389	31.1365	4890.65	19.4344	78.7571
42	1.812	96539.8	174.930	18591.1	357022	32.3915	4859.51	19.2039	78.8187
43	1.964	96364.9	189.261	17843.7	338431	33.6972	4827.12	18.9664	78.8837
44	2.126	96175.6	204.469	17123.7	320587	35.0048	4793.43	18.7218	78.9523
45	2.295	95971.2	220.254	16430.1	303463	36.2568	4758.42	18.4700	79.0247
46	2.480	95750.9	237.462	15761.2	287033	37.5861	4722.16	18.2106	79.1006
47	2.676	95513.4	255.594	15118.1	271271	38.9001	4684.58	17.9435	79.1804
48	2.902	95257.8	276.438	14497.7	256153	40.4543	4645.68	17.6685	79.2641
49	3.151	94981.4	325.311	13899.7	241656	45.7754	4605.22	17.3857	79.3522
50	3.425	94656.1	352.878	13319.3	227756	47.7446	4559.45	17.0997	79.4531
51	3.728	94303.2	383.437	12759.3	214437	49.8839	4511.70	16.8063	79.5595
52	4.066	93919.8	417.943	12218.7	201677	52.2817	4461.82	16.5057	79.6720
53	4.450	93501.8	454.606	11696.4	189459	54.6808	4409.54	16.1980	79.7913
54	4.862	93047.2	493.429	11191.9	177762	57.0678	4354.86	15.8831	79.9173
55	5.303	92553.8	534.683	10704.4	166570	59.4606	4297.79	15.5610	80.0501
56	5.777	92019.1	579.904	10233.2	155866	62.0092	4238.33	15.2314	80.1899
57	6.302	91439.2	629.468	9777.60	145633	64.7202	4176.32	14.8945	80.3369
58	6.884	90809.7	683.797	9336.82	135855	67.6021	4111.60	14.5505	80.4918
59	7.530	90125.4	742.638	8910.10	126518	70.5954	4044.00	14.1994	80.6548
60	8.240	89383.3	806.416	8496.81	117608	73.7099	3979.40	13.8415	80.8264
61	9.022	88576.9	875.494	8096.30	109111	76.9460	3899.69	13.4767	81.0069
62	9.884	87701.4	950.595	7707.96	101015	80.3333	3822.75	13.1053	81.1967
63	10.839	86750.8	1031.38	7331.17	93307.2	83.8079	3742.41	12.7275	81.3961
64	11.889	85719.4	1118.98	6965.39	85976.0	87.4291	3658.61	12.3433	81.6054
65	13.054	84600.4	1215.79	6610.06	79010.6	91.3396	3571.18	11.9531	81.8250
66	14.371	83384.6	1323.65	6264.49	72400.6	95.6178	3479.84	11.5573	82.0558
67	15.874	82061.0	1449.77	5927.93	66136.1	100.701	3384.22	11.1567	82.2986
68	17.667	80611.2	1584.57	5599.23	60208.1	105.831	3283.52	10.7529	82.5558
69	19.657	79026.7	1727.60	5278.05	54608.9	110.946	3177.69	10.3464	82.8276
70	21.861	77299.1	1881.77	4964.10	49330.9	116.198	3066.74	9.93753	83.1143

x	$10^3 q_x$	l_x	d_x	D_x	N_x	C_x	M_x	A_x	E_x
71	24.344	75417.3	2050.67	4656.97	44366.8	121.757	2950.54	9.52695	83.4165
72	27.191	73366.6	2243.26	4356.10	39709.8	128.069	2828.79	9.11590	83.7356
73	30.576	71123.4	2454.04	4060.49	35353.7	134.715	2700.72	8.70676	84.0742
74	34.504	68669.3	2680.16	3769.60	31293.2	141.469	2566.00	8.30146	84.4343
75	39.030	65989.2	2915.66	3483.15	27523.6	147.980	2424.53	7.90193	84.8174
76	44.184	63073.5	3154.56	3201.20	24040.5	153.947	2276.55	7.50982	85.2250
77	50.014	59918.9	3389.85	2924.13	20839.3	159.067	2122.61	7.12665	85.6581
78	56.574	56529.1	3613.40	2652.60	17915.1	163.035	1963.54	6.75380	86.1173
79	63.921	52915.7	3815.27	2387.54	15262.2	165.523	1800.50	6.39257	86.6033
80	72.101	49100.4	3984.55	2130.19	12875.0	166.218	1634.98	6.04406	87.1164
81	81.151	45115.9	4109.87	1882.04	10744.8	164.852	1468.76	5.70912	87.6566
82	91.096	41006.0	4181.38	1644.80	8862.75	161.270	1303.91	5.38834	88.2235
83	101.970	36824.6	4190.57	1420.27	7217.95	155.408	1142.64	5.08210	88.8167
84	113.798	32634.1	4132.38	1210.24	5797.68	147.356	987.233	4.79054	89.4352
85	126.628	28501.7	4003.88	1016.33	4587.45	137.282	839.877	4.51372	90.0782
86	140.479	24497.8	3806.44	839.962	3571.11	125.493	702.595	4.25152	90.7447
87	155.379	20691.3	3544.94	682.163	2731.15	112.376	577.102	4.00367	91.4336
88	171.325	17146.4	3228.97	543.549	2048.99	98.4232	464.726	3.76965	92.1435
89	188.318	13917.4	2872.21	424.220	1505.44	84.1812	366.303	3.54872	92.8729
90	206.375	11045.2	2491.34	323.723	1081.22	70.2099	282.121	3.33995	93.6199
91	225.558	8553.87	2102.88	241.062	757.497	56.9831	211.911	3.14233	94.3830
92	245.839	6451.00	1724.16	174.807	516.435	44.9238	154.928	2.95431	95.1598
93	267.270	4726.84	1370.70	123.160	341.627	34.3407	110.004	2.77385	95.9476
94	289.983	3356.14	1053.85	84.0825	218.467	25.3870	75.6638	2.59825	96.7430
95	314.007	2302.29	783.051	55.4616	134.385	18.1380	50.2767	2.42302	97.5408
96	340.119	1519.23	558.149	35.1904	78.9231	12.4313	32.1387	2.24274	98.3350
97	367.388	961.086	381.577	21.4057	43.7326	8.17175	19.0774	2.04304	99.1103
98	397.027	579.509	248.463	12.4106	22.3270	5.11637	11.5357	1.79903	99.8414
99	428.748	331.046	153.263	6.81691	9.91639	3.03462	6.41933	1.45468	100.473
100	462.967	177.783	-	-	-	-	-	-	-

Die Spalte $10^3 q_x$ ist den VerBAV-Veröffentlichungen des BAV 1994, S. 174 ff., Lebensversicherung für den Todesfall, entnommen. Alle anderen Spalten sind daraus abgeleitet - gerundet auf sechs gültige Ziffern (auch wenn die Sterbewahrscheinlichkeiten nur drei gültige Ziffern haben). Andere Veröffentlichungen können infolge Rundungsfehler hiervon abweichen.

B. Bilder zu den Kenngrößen der DAV-Sterbetafel 1994 T Männer

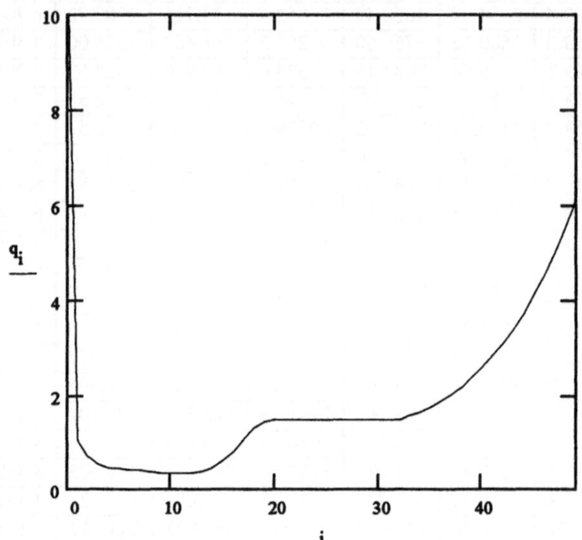

Bild B.1: Sterbewahrscheinlichkeit q_x für $0 \leq x \leq 49$ in 10^{-3}

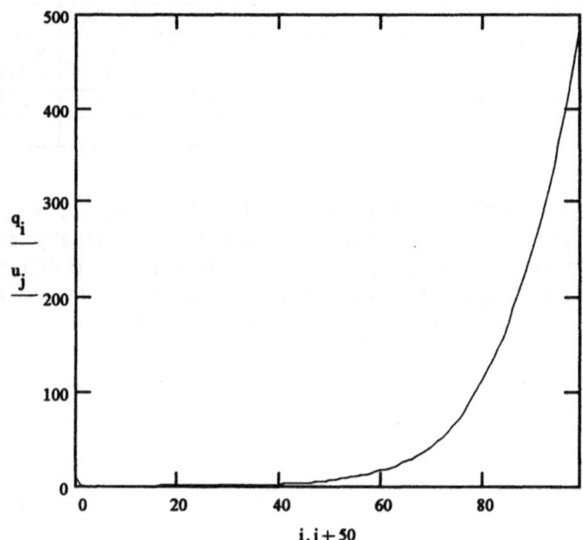

Bild B.2: Sterbewahrscheinlichkeit q_x für $0 \leq x \leq 99$ in 10^{-3}

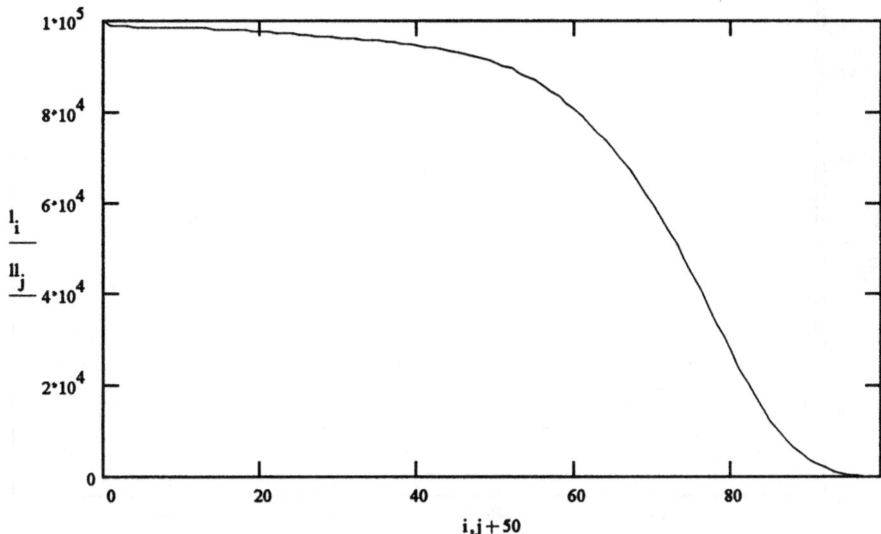

Bild B.3: Überlebende l_x für l_0 = 100000

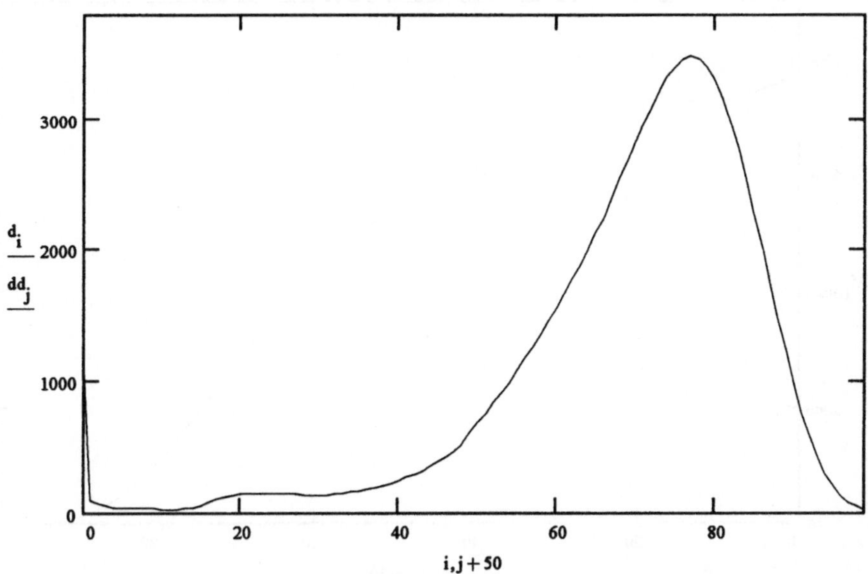

Bild B.4: Verstorbene d_x für l_0 = 100000

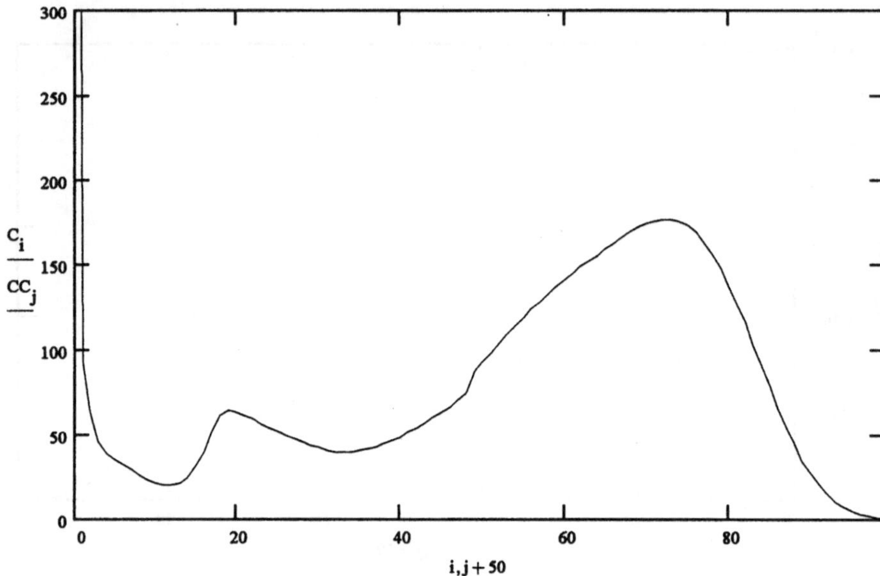

Bild B.5: Verlauf der Kommutationszahlen C

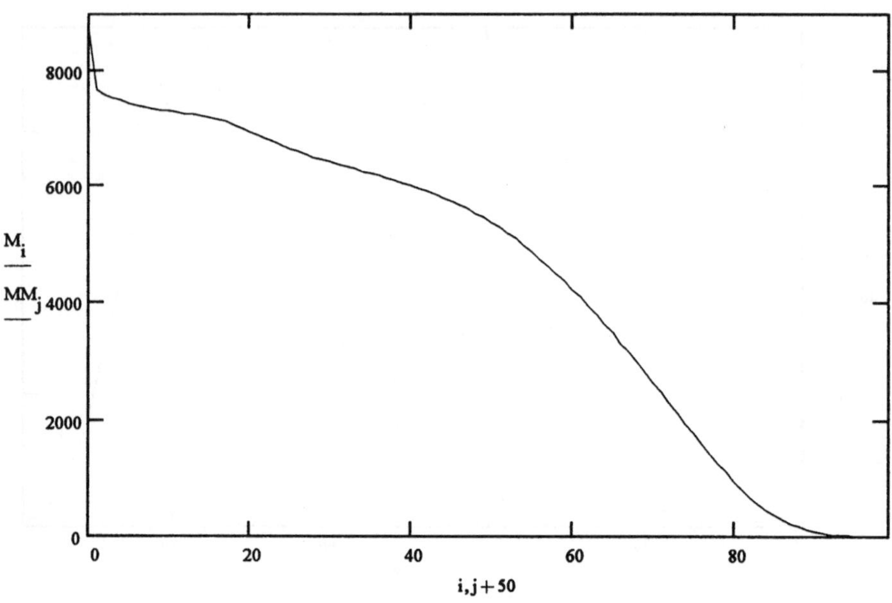

Bild B.6: Verlauf der Kommutationzahlen M

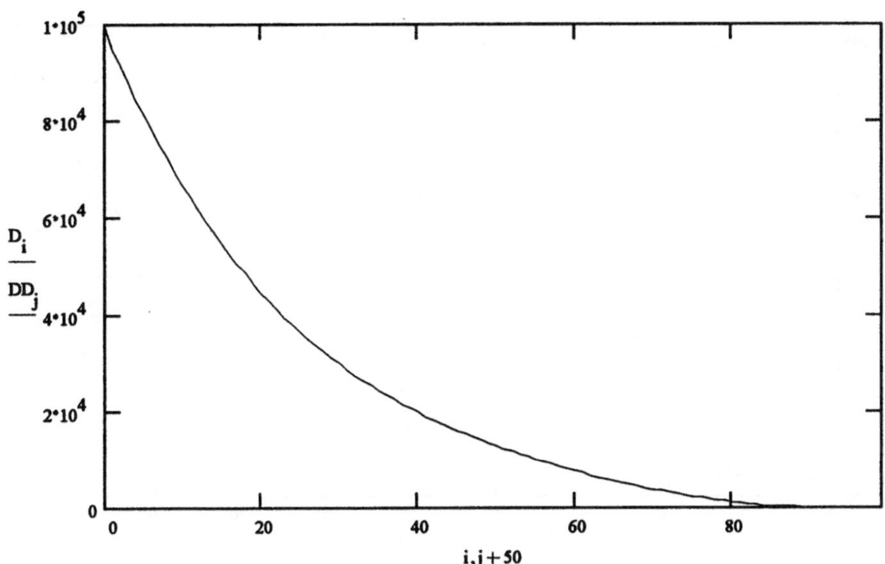

Bild B.7: Verlauf der Kommutationzahlen D

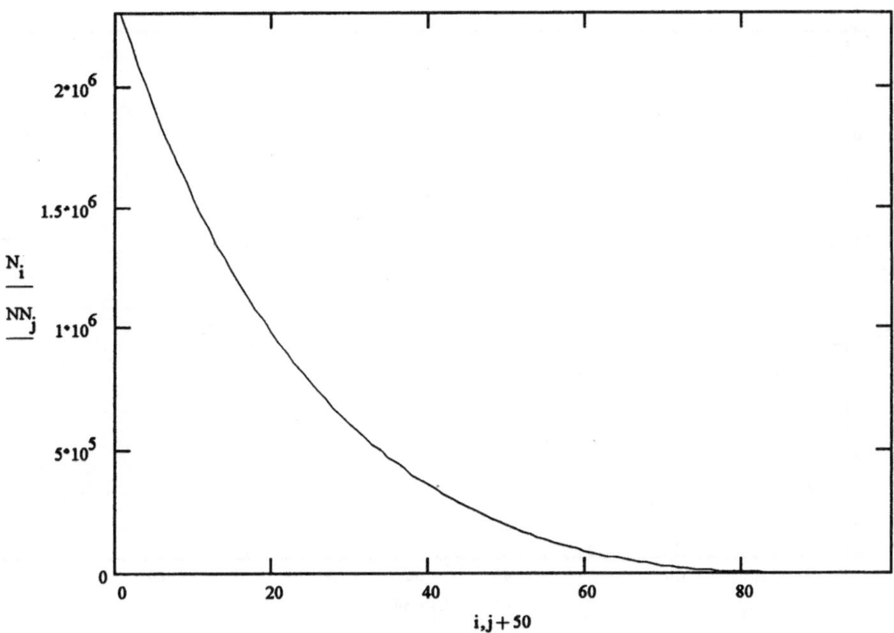

Bild B.8: Verlauf der Kommutationszahlen N

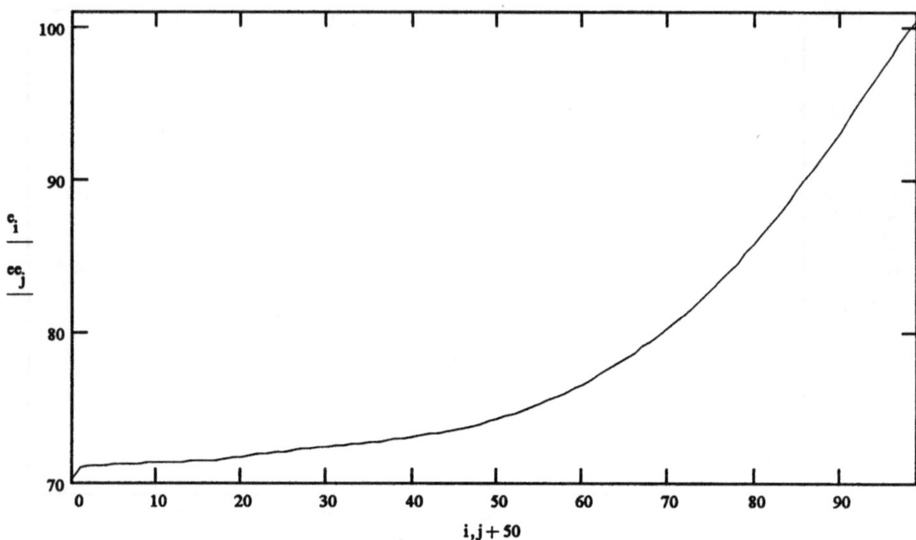

Bild B.9: Verlauf der Lebenserwartung

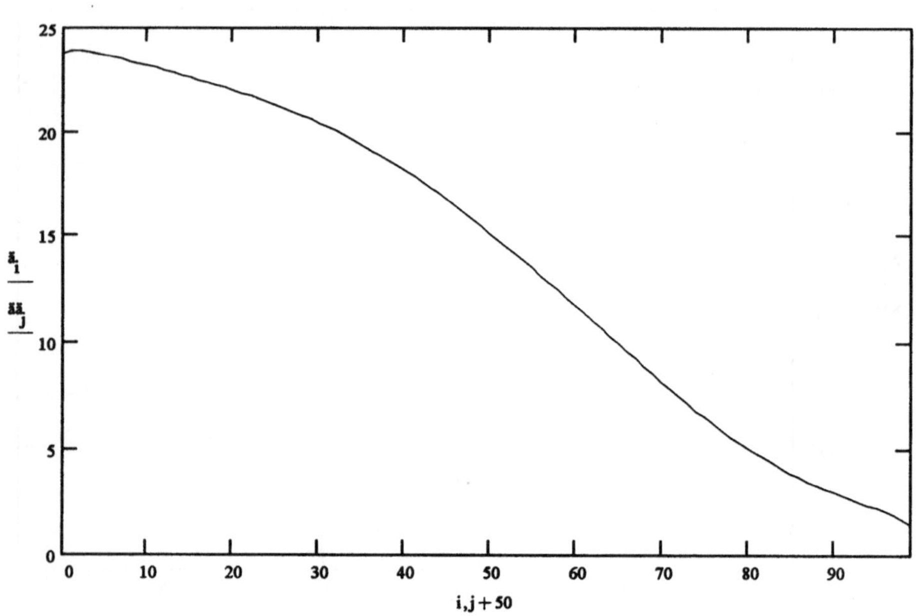

Bild B.10: Verlauf der vorschüssigen Rentenbarwerte

Bilder zu den Kenngrößen der DAV-Sterbetafel 1994 T Frauen

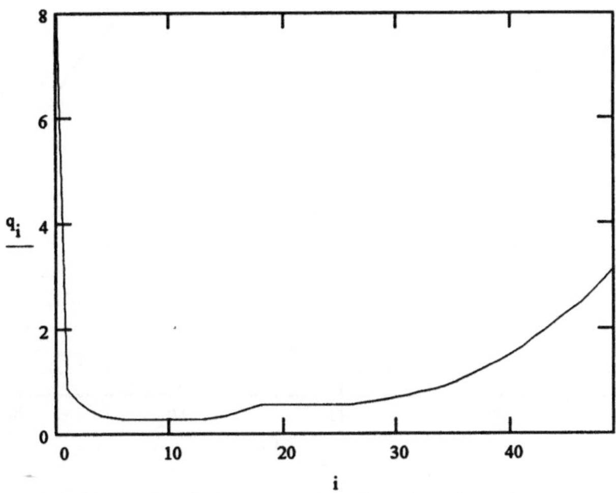

Bild B.11: Sterbewahrscheinlichkeit q_x für $0 \leq x \leq 49$ in 10^{-3}

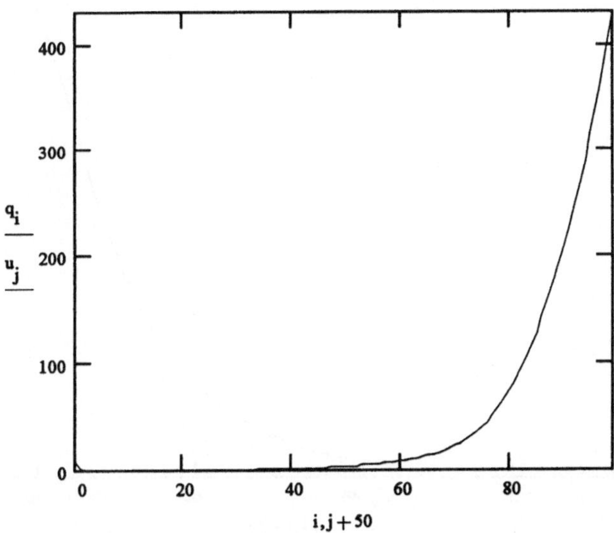

Bild B.12: Sterbewahrscheinlichkeit q_x für $0 \leq x \leq 99$ in 10^{-3}

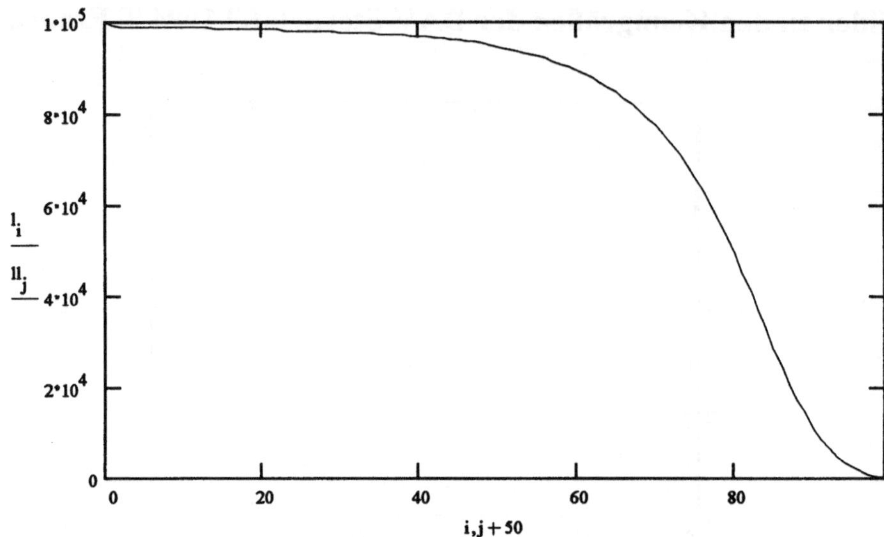

Bild B.13: Überlebende l_x für $l_0 = 100000$

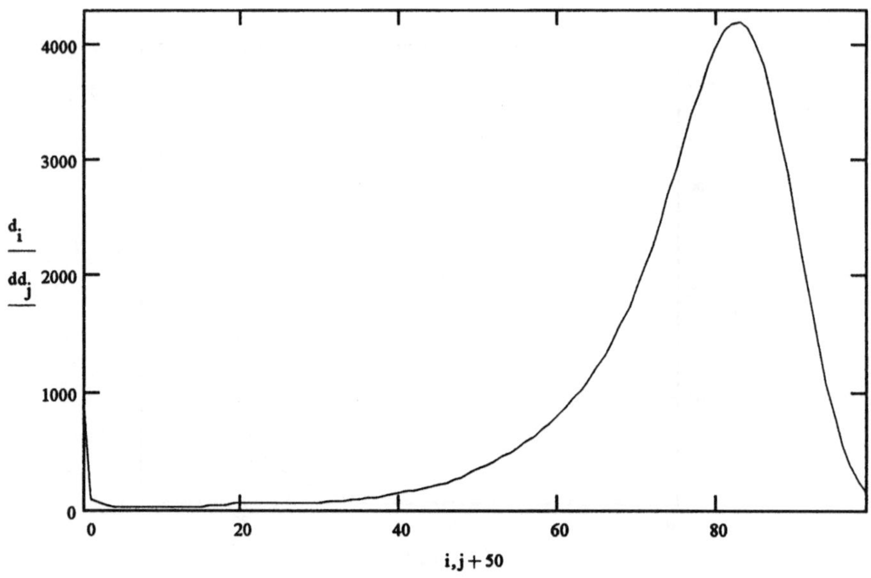

Bild B.14: Verstorbene d_x für $l_0 = 100000$

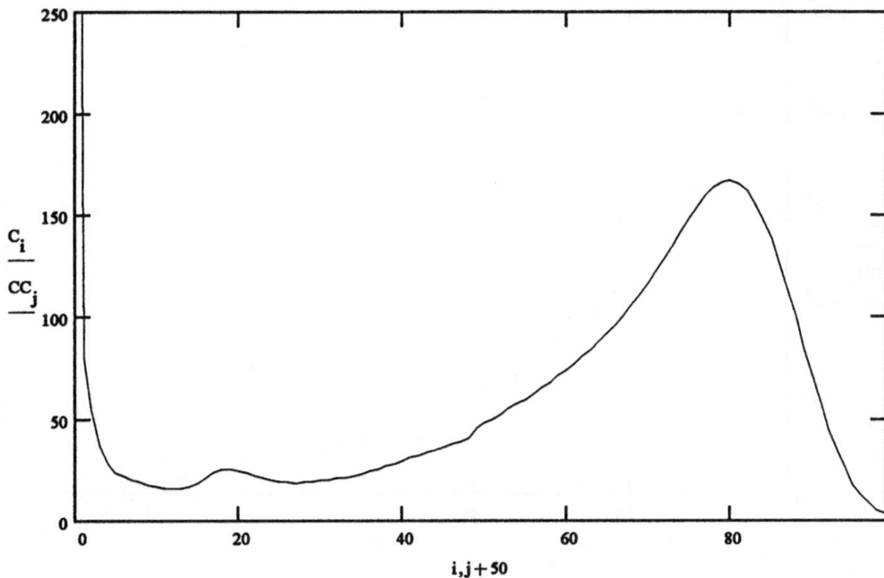

Bild B.15: Verlauf der Kommutationszahlen C

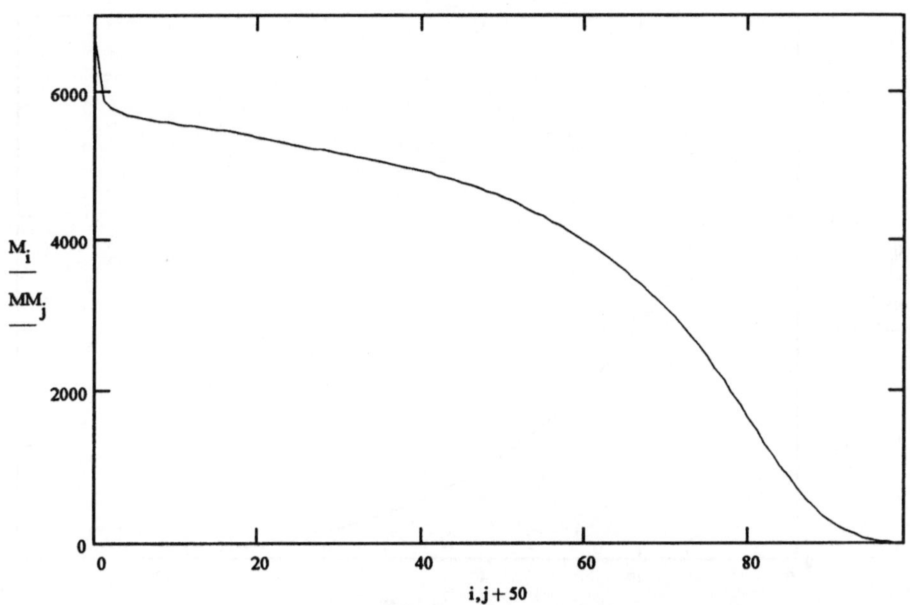

Bild B.16: Verlauf der Kommutationszahlen M

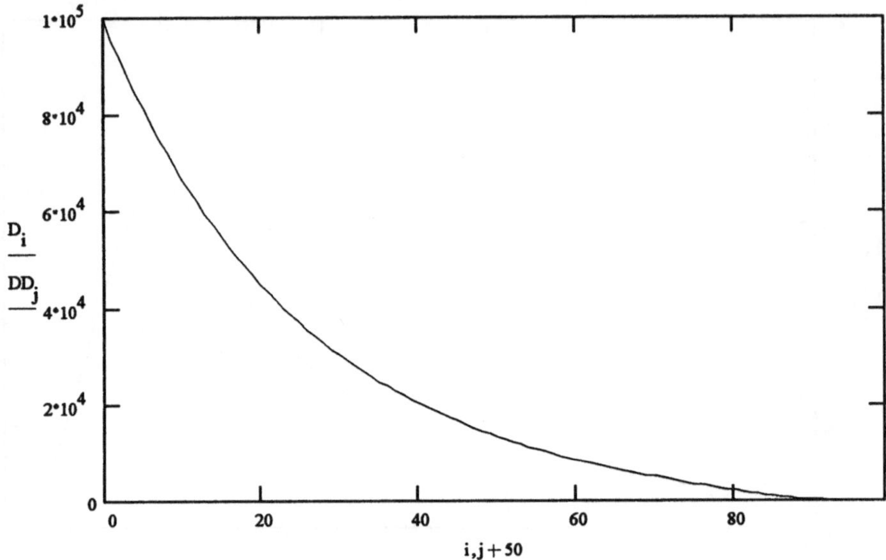

Bild B.17: Verlauf der Kommutationszahlen D

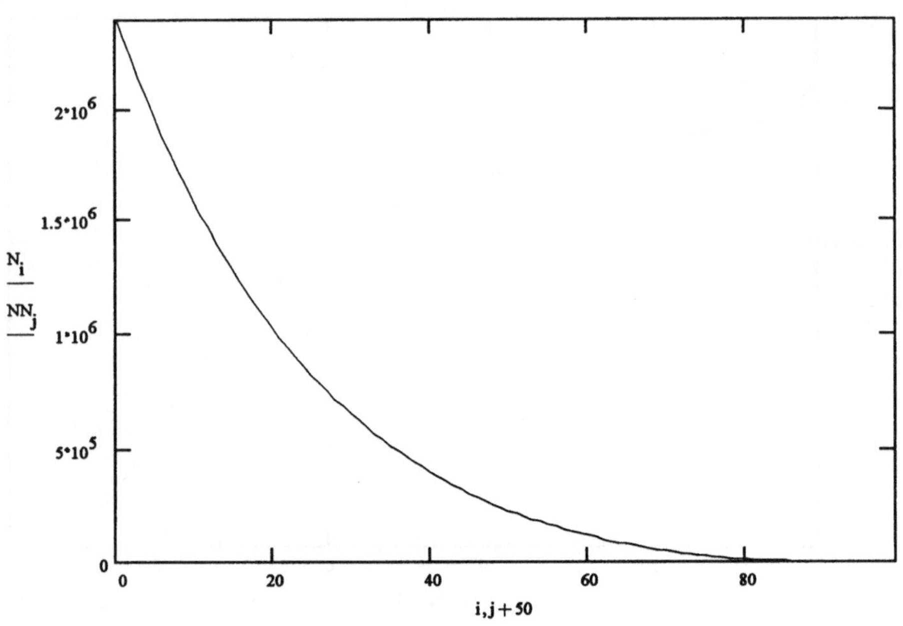

Bild B.18: Verlauf der Kommutationszahlen N

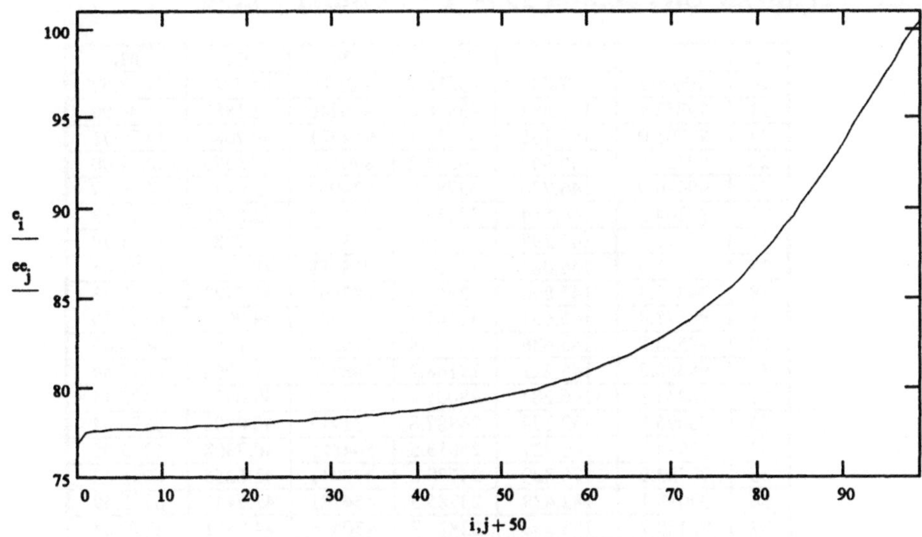

Bild B.19: Verlauf der Lebenserwartung

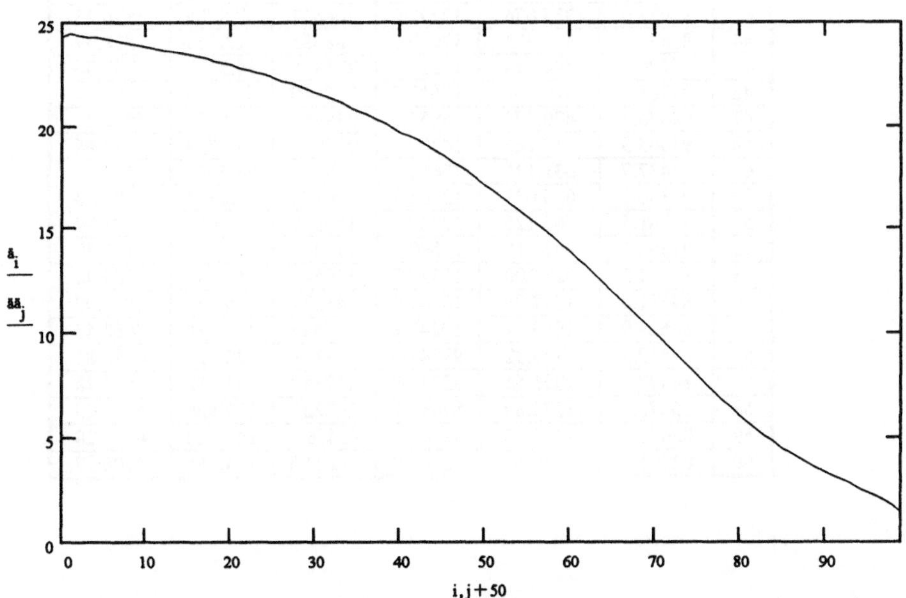

Bild B.20: Verlauf der vorschüssigen Rentenbarwerte

C. Verkürzte Sterbetafel 1994 T - Männer 20..90

x	l_x	d_x	D_x	N_x	C_x	M_x
20	100000	147.600	45638.7	1001878	64.7718	7003.67
21	99852.4	147.382	43818.6	956240	62.1887	6938.90
22	99705.0	147.165	42071.1	912421	59.7086	6876.71
23	99557.9	146.947	40393.2	870350	57.3273	6817.00
24	99410.9	146.730	38782.3	829957	55.0411	6759.67
25	99264.2	146.514	37235.7	791174	52.8460	6704.63
26	99117.7	146.298	35750.7	753939	50.7385	6651.79
27	98971.4	146.082	34324.9	718188	48.7150	6601.05
28	98825.3	145.866	32956.0	683863	46.7722	6552.33
29	98679.4	145.651	31641.7	650907	44.9069	6505.56
30	98533.8	145.436	30379.8	619265	43.1159	6460.65
31	98388.3	145.221	29168.2	588886	41.3964	6417.54
32	98243.1	146.284	28005.0	559717	40.0956	6376.14
33	98096.8	152.178	26887.8	531712	40.0990	6336.04
34	97944.7	160.727	25813.5	504825	40.7308	6295.95
35	97783.9	170.829	24780.0	479011	41.6256	6255.22
36	97613.1	182.439	23785.3	454231	42.7449	6213.59
37	97430.7	195.543	22827.7	430446	44.0531	6170.84
38	97235.1	210.709	21905.7	407618	45.6438	6126.79
39	97024.4	228.396	21017.5	385713	47.5723	6081.15
40	96796.0	248.669	20161.6	364695	49.8029	6033.58
41	96547.4	272.553	19336.3	344534	52.4869	5983.77
42	96274.8	297.200	18540.1	325197	55.0321	5931.29
43	95977.6	325.076	17772.0	306657	57.8786	5876.25
44	95652.5	356.401	17030.6	288885	61.0153	5818.37
45	95296.1	390.714	16314.5	271854	64.3170	5757.36
46	94905.4	429.162	15622.7	255540	67.9289	5693.04
47	94476.3	470.775	14953.9	239917	71.6495	5625.11
48	94005.5	517.782	14307.1	224963	75.7728	5553.46
49	93487.7	631.135	13681.1	210656	88.8087	5477.69
50	92856.6	695.031	13066.1	196975	94.0382	5388.88
51	92161.5	765.125	12469.5	183909	99.5403	5294.84
52	91396.4	842.218	11890.4	171439	105.356	5195.30
53	90554.2	923.200	11327.7	159549	111.044	5089.95
54	89631.0	1007.09	10781.0	148221	116.476	4978.90
55	88623.9	1093.62	10249.8	137440	121.618	4862.43
56	87530.3	1183.32	9734.00	127191	126.533	4740.81
57	86347.0	1276.55	9233.08	117457	131.252	4614.28
58	85070.4	1373.89	8746.71	108223	135.826	4483.03
59	83696.5	1475.15	8274.47	99476.7	140.228	4347.20
60	82221.4	1580.54	7816.00	91202.3	144.468	4206.97

x	l_x	d_x	D_x	N_x	C_x	M_x
61	80640.8	1689.91	7370.91	83386.3	148.524	4062.50
62	78950.9	1802.69	6938.89	76015.4	152.342	3913.98
63	77148.2	1917.75	6519.67	69076.5	155.833	3761.64
64	75230.5	2036.71	6113.08	62556.8	159.134	3605.80
65	73193.8	2163.02	5718.83	56443.7	162.503	3446.67
66	71030.7	2297.84	5336.37	50724.9	165.992	3284.17
67	68732.9	2449.09	4965.13	45388.5	170.113	3118.18
68	66283.8	2599.92	4604.05	40423.4	173.644	2948.06
69	63683.9	2746.50	4253.33	35819.3	176.378	2774.42
70	60937.4	2888.43	3913.36	31566.0	178.359	2598.04
71	58049.0	3024.35	3584.49	27652.6	179.569	2419.68
72	55024.6	3162.37	3267.06	24068.2	180.543	2240.11
73	51862.2	3290.14	2960.86	20801.1	180.612	2059.57
74	48572.1	3401.94	2666.37	17840.2	179.567	1878.96
75	45170.2	3489.30	2384.25	15173.9	177.094	1699.39
76	41680.9	3545.92	2115.45	12789.6	173.046	1522.30
77	38134.3	3566.91	1861.04	10674.2	167.376	1349.25
78	34568.0	3548.82	1622.09	8813.14	160.122	1181.87
79	31019.2	3488.95	1399.58	7191.05	151.366	1021.75
80	27530.3	3386.08	1194.38	5791.48	141.253	870.387
81	24144.2	3240.90	1007.19	4597.09	129.996	729.135
82	20903.3	3056.31	838.456	3589.90	117.877	599.138
83	17847.0	2837.02	688.331	2751.45	105.211	481.261
84	15009.9	2589.39	556.645	2063.12	92.3346	376.050
85	12420.5	2321.35	442.901	1506.47	79.5927	283.715
86	10099.2	2041.91	346.274	1063.57	67.3186	204.122
87	8057.29	1759.82	265.637	717.296	55.7871	136.804
88	6297.47	1483.67	199.633	451.659	45.2240	81.0166
89	4813.81	1221.22	146.731	252.026	35.7926	35.7926
90	3592.59	980.384	105.295	105.295	27.6288	27.6288

Verkürzte Sterbetafel 1994 T - Frauen 20..90

x	l_x	d_x	D_x	N_x	C_x	M_x
20	100000	56.0000	45638.7	1044142	24.5747	5234.34
21	99944.0	55.9686	43858.8	998503	23.6163	5209.76
22	99888.0	55.9373	42148.3	954644	22.6952	5186.15
23	99832.1	55.9060	40504.5	912496	21.8101	5163.45
24	99776.2	55.8747	38924.8	871991	20.9595	5141.64
25	99720.3	55.8434	37406.8	833066	20.1421	5120.68
26	99664.5	55.8121	35947.9	795660	19.3566	5100.54
27	99608.7	57.8726	34545.9	759712	19.2992	5081.18
28	99550.8	60.9251	33197.9	725166	19.5357	5061.89
29	99489.9	64.1710	31901.6	691968	19.7851	5042.35
30	99425.7	68.5043	30654.8	660066	20.3088	5022.56
31	99357.2	73.0275	29455.5	629412	20.8171	5002.26
32	99284.2	77.7395	28301.7	599956	21.3079	4981.44
33	99206.4	82.6389	27191.9	571654	21.7797	4960.13
34	99123.8	88.9140	26124.3	544462	22.5322	4938.35
35	99034.9	96.1629	25097.0	518338	23.4319	4915.82
36	98938.7	104.578	24108.3	493241	24.5023	4892.39
37	98834.1	114.252	23156.5	469133	25.7394	4867.88
38	98719.9	125.078	22240.1	445976	27.0945	4842.15
39	98594.8	137.047	21357.7	423736	28.5453	4815.05
40	98457.7	150.050	20507.7	402379	30.0516	4786.51
41	98307.7	164.370	19688.9	381871	31.6536	4756.45
42	98143.3	177.836	18899.9	362182	32.9295	4724.80
43	97965.5	192.404	18140.1	343282	34.2569	4691.87
44	97773.1	207.866	17408.1	325142	35.5863	4657.61
45	97565.2	223.912	16703.0	307734	36.8590	4622.03
46	97341.3	241.406	16023.7	291031	38.2104	4585.17
47	97099.9	259.839	15369.2	275007	39.5462	4546.96
48	96840.1	281.030	14738.6	259638	41.1262	4507.41
49	96559.0	330.715	14130.6	244899	46.5357	4466.29
50	96228.3	358.739	13540.5	230769	48.5376	4419.75
51	95869.6	389.806	12971.2	217228	50.7124	4371.21
52	95479.8	424.885	12421.6	204257	53.1501	4320.50
53	95054.9	462.157	11890.7	191835	55.5890	4267.35
54	94592.7	501.625	11377.8	179945	58.0157	4211.76
55	94091.1	543.564	10882.2	168567	60.4483	4153.74
56	93547.5	589.537	10403.2	157685	63.0392	4093.30
57	92958.0	639.923	9940.00	147282	65.7952	4030.26
58	92318.1	695.155	9491.90	137342	68.7250	3964.46
59	91622.9	754.973	9058.10	127850	71.7680	3895.74
60	90868.0	819.811	8637.94	118792	74.9342	3823.97

x	l_x	d_x	D_x	N_x	C_x	M_x
61	90048.1	890.036	8230.78	110154	78.2241	3749.04
62	89158.1	966.385	7835.99	101923	81.6676	3670.81
63	88191.7	1048.51	7452.94	94086.9	85.2000	3589.14
64	87143.2	1137.57	7081.09	86634.0	88.8812	3503.94
65	86005.6	1235.99	6719.85	79552.9	92.8568	3415.06
66	84769.7	1345.63	6368.54	72833.1	97.2060	3322.21
67	83424.0	1473.85	6026.39	66464.5	102.373	3225.00
68	81950.2	1610.89	5692.23	60438.1	107.589	3122.63
69	80339.3	1756.30	5365.71	54745.9	112.788	3015.04
70	78583.0	1913.02	5046.55	49380.2	118.128	2902.25
71	76670.0	2084.73	4734.33	44333.6	123.780	2784.12
72	74585.2	2280.52	4428.46	39599.3	130.197	2660.34
73	72304.7	2494.80	4127.93	35170.8	136.952	2530.14
74	69809.9	2724.68	3832.22	31042.9	143.819	2393.19
75	67085.2	2964.09	3541.00	27210.7	150.438	2249.37
76	64121.1	3206.95	3254.37	23669.7	156.504	2098.94
77	60914.2	3446.16	2972.70	20415.3	161.709	1942.43
78	57468.0	3673.41	2696.66	17442.6	165.743	1780.72
79	53794.6	3878.64	2427.20	14746.0	168.272	1614.98
80	49916.0	4050.73	2165.57	12318.8	168.979	1446.71
81	45865.2	4178.14	1913.30	10153.2	167.530	1277.73
82	41687.1	4250.83	1672.12	8239.89	163.948	1110.14
83	37436.3	4260.17	1443.86	6567.76	157.989	946.188
84	33176.1	4201.02	1230.34	5123.90	149.803	788.199
85	28975.1	4070.39	1033.21	3893.57	139.562	638.396
86	24904.7	3869.66	853.913	2860.35	127.577	498.834
87	21035.0	3603.82	693.493	2006.44	114.243	371.257
88	17431.2	3282.61	552.577	1312.94	100.058	257.014
89	14148.6	2919.91	431.267	760.366	85.5794	156.956
90	11228.7	2532.74	329.100	329.100	71.3767	71.3767

D. Basistafel 2000 und Trendfaktor zur DAV-Sterbetafel 1994 R

x	q_x^B Männer	F(x) Männer	q_x^B Frauen	F(x) Frauen
0	3.691	0.04833	2.509	0.05017
1	0.154	0.04833	0.083	0.05017
2	0.125	0.04369	0.064	0.04617
3	0.097	0.04183	0.048	0.04489
4	0.075	0.03966	0.036	0.04398
5	0.060	0.03716	0.029	0.04228
6	0.052	0.03522	0.026	0.04066
7	0.048	0.03351	0.026	0.03961
8	0.046	0.03225	0.025	0.03813
9	0.046	0.03115	0.024	0.03709
10	0.045	0.03030	0.023	0.03652
11	0.044	0.02931	0.021	0.03556
12	0.045	0.02783	0.020	0.03488
13	0.050	0.02614	0.020	0.03396
14	0.062	0.02479	0.021	0.03271
15	0.083	0.02479	0.026	0.03252
16	0.115	0.02479	0.033	0.03252
17	0.154	0.02479	0.044	0.03252
18	0.197	0.02479	0.057	0.03252
19	0.235	0.02479	0.068	0.03252
20	0.275	0.02479	0.073	0.03252
21	0.340	0.02479	0.073	0.03252
22	0.439	0.02479	0.073	0.03252
23	0.485	0.02479	0.072	0.03252
24	0.495	0.02479	0.070	0.03252
25	0.499	0.02479	0.066	0.03252
26	0.508	0.02479	0.063	0.03252
27	0.521	0.02479	0.063	0.03252
28	0.546	0.02479	0.068	0.03251
29	0.580	0.02479	0.085	0.03250
30	0.617	0.02479	0.124	0.03241
31	0.660	0.02479	0.189	0.03221
32	0.720	0.02479	0.235	0.03197
33	0.790	0.02479	0.264	0.03170
34	0.844	0.02479	0.286	0.03135
35	0.879	0.02479	0.312	0.03098
36	0.899	0.02479	0.342	0.03044
37	0.917	0.02479	0.375	0.02981
38	0.943	0.02471	0.414	0.02913
39	0.988	0.02457	0.466	0.02851
40	1.060	0.02442	0.541	0.02778
41	1.162	0.02417	0.640	0.02688
42	1.297	0.02385	0.731	0.02595
43	1.451	0.02349	0.816	0.02493
44	1.638	0.02311	0.907	0.02393
45	1.864	0.02266	1.018	0.02310

x	q_x^B Männer	F(x) Männer	q_x^B Frauen	F(x) Frauen
46	2.085	0.02202	1.142	0.02243
47	2.297	0.02133	1.230	0.02193
48	2.507	0.02072	1.283	0.02159
49	2.728	0.02018	1.320	0.02138
50	2.952	0.01958	1.369	0.02124
51	3.174	0.01906	1.437	0.02116
52	3.433	0.01851	1.536	0.02116
53	3.762	0.01799	1.662	0.02116
54	4.162	0.01750	1.804	0.02116
55	4.626	0.01708	1.953	0.02116
56	5.131	0.01660	2.108	0.02116
57	5.666	0.01600	2.276	0.02116
58	6.199	0.01553	2.456	0.02116
59	6.710	0.01521	2.633	0.02116
60	7.196	0.01489	2.830	0.02116
61	7.709	0.01460	3.083	0.02110
62	8.288	0.01433	3.406	0.02103
63	8.988	0.01412	3.797	0.02094
64	9.859	0.01400	4.285	0.02081
65	10.928	0.01380	4.884	0.02057
66	12.201	0.01356	5.629	0.02048
67	13.603	0.01337	6.475	0.02032
68	15.087	0.01325	7.377	0.02019
69	16.680	0.01314	8.338	0.02011
70	18.427	0.01299	9.379	0.01994
71	10.402	0.01274	10.529	0.01974
72	22.701	0.01250	11.845	0.01951
73	25.416	0.01221	13.407	0.01913
74	28.607	0.01197	15.298	0.01872
75	32.237	0.01177	17.511	0.01836
76	36.221	0.01143	19.995	0.01783
77	40.590	0.01104	22.809	0.01709
78	45.418	0.01084	26.061	0.01647
79	50.779	0.01055	29.844	0.01589
80	56.731	0.01015	34.237	0.01519
81	63.285	0.009894	39.277	0.01458
82	70.401	0.009697	44.981	0.01406
83	77.983	0.009409	51.342	0.01350
84	85.906	0.009106	58.326	0.01290
85	94.041	0.008746	65.881	0.01231
86	102.251	0.008414	73.958	0.01158
87	110.408	0.008073	82.525	0.01080
88	118.399	0.007669	91.566	0.01002
89	126.129	0.007294	101.059	0.009283
90	133.522	0.006861	110.913	0.008602

x	q_x^B Männer	F(x) Männer	q_x^B Frauen	F(x) Frauen
91	140.465	0.006489	120.840	0.007939
92	147.006	0.006168	130.591	0.007380
93	153.281	0.005861	139.987	0.006864
94	159.565	0.005568	148.950	0.006391
95	165.956	0.005290	157.520	0.005963
96	172.468	0.005031	165.792	0.005581
97	179.078	0.004792	174.001	0.005245
98	185.753	0.004575	182.224	0.004958
99	192.466	0.004382	190.467	0.004718
100	199.193	0.004211	198.722	0.004526
101	208.221	0.004211	210.417	0.004526
102	217.049	0.004211	221.987	0.004526
103	225.635	0.004211	233.360	0.004526
104	233.937	0.004211	244.465	0.004526
105	241.920	0.004211	255.237	0.004526
106	249.548	0.004211	265.614	0.004526
107	256.791	0.004211	275.543	0.004526
108	263.622	0.004211	284.974	0.004526
109	270.017	0.004211	293.863	0.004526
110	275.955	0.004211	302.175	0.004526

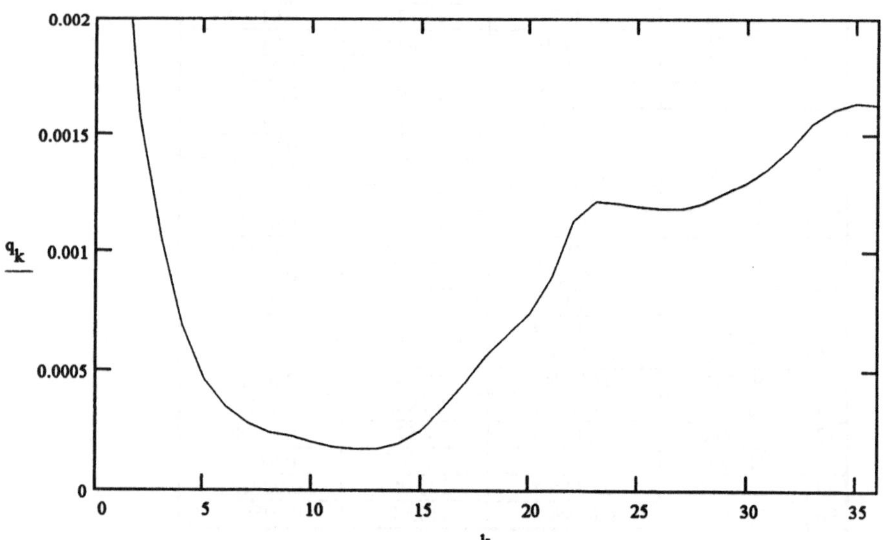

Bild D.1: Sterbewahrscheinlichkeiten eines Mannes vom Geburtsjahr 1940
für die Lebensalter 0..36

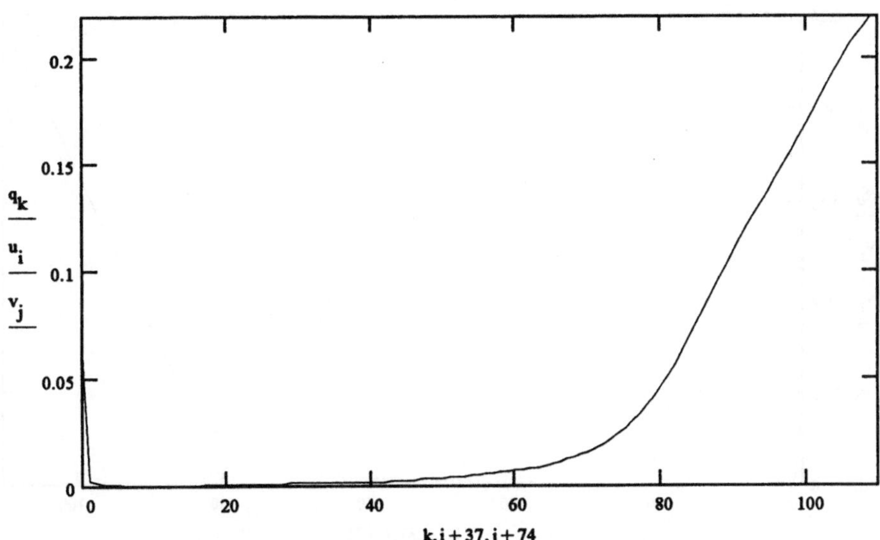

Bild D.2: Sterbewahrscheinlichkeiten eines Mannes vom Geburtsjahr 1940
für die Lebensalter 0..110

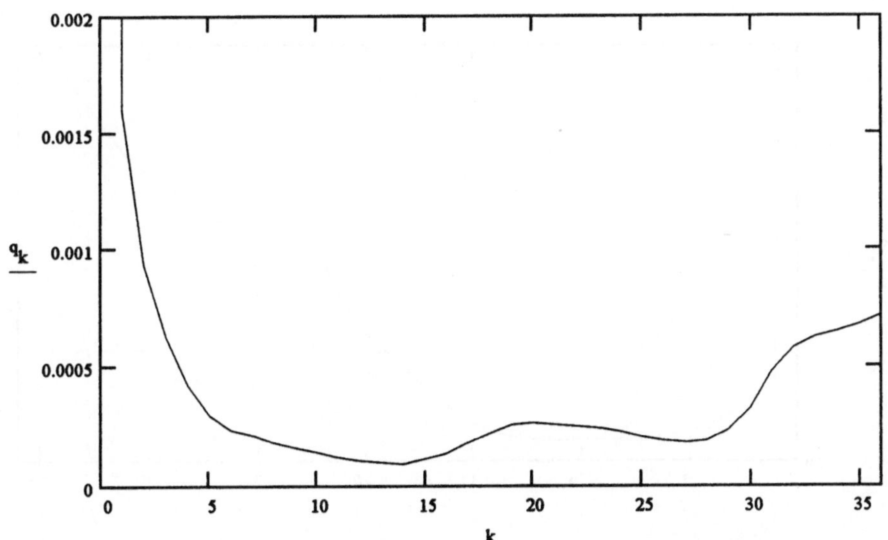

Bild D.3: Sterbewahrscheinlichkeiten einer Frau vom Geburtsjahr 1940
für die Lebensalter 0..36

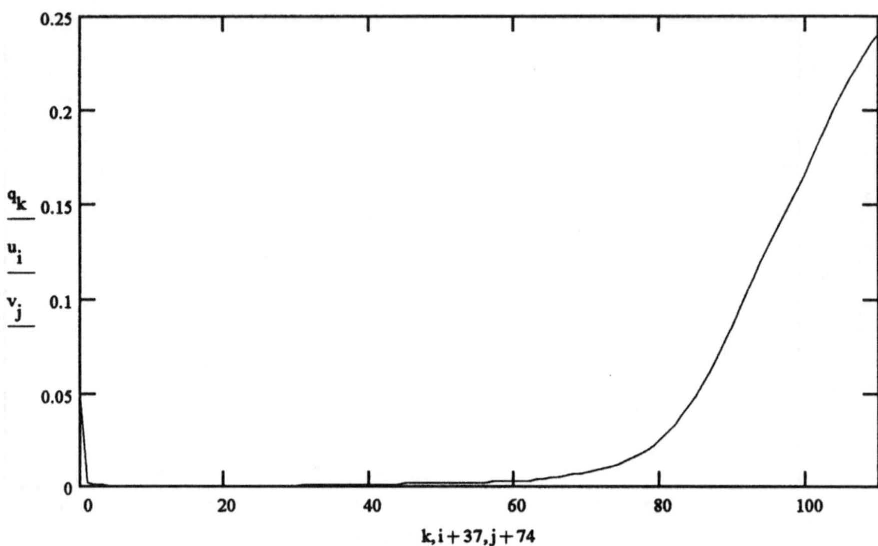

Bild D.4: Sterbewahrscheinlichkeiten einer Frau vom Geburtsjahr 1940 für die Lebensalter 0..110

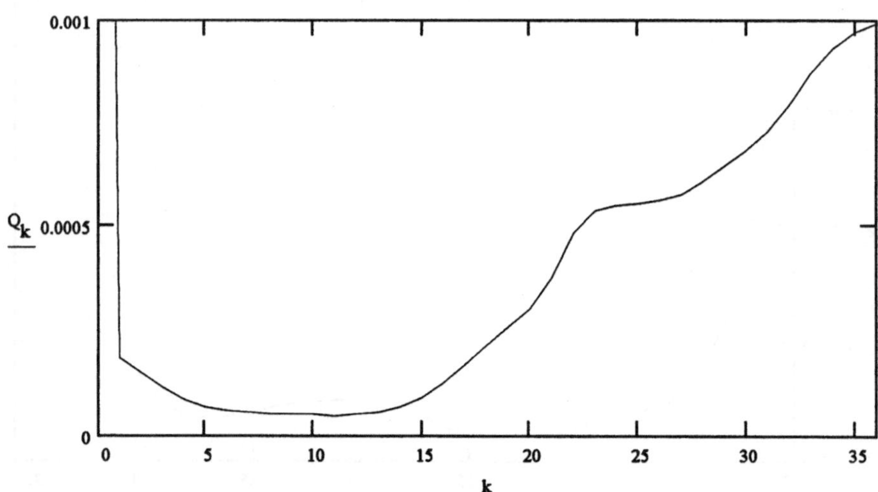

Bild D.5: Sterbewahrscheinlichkeiten eines Mannes im Jahre 1996 für die Lebensalter 0..36

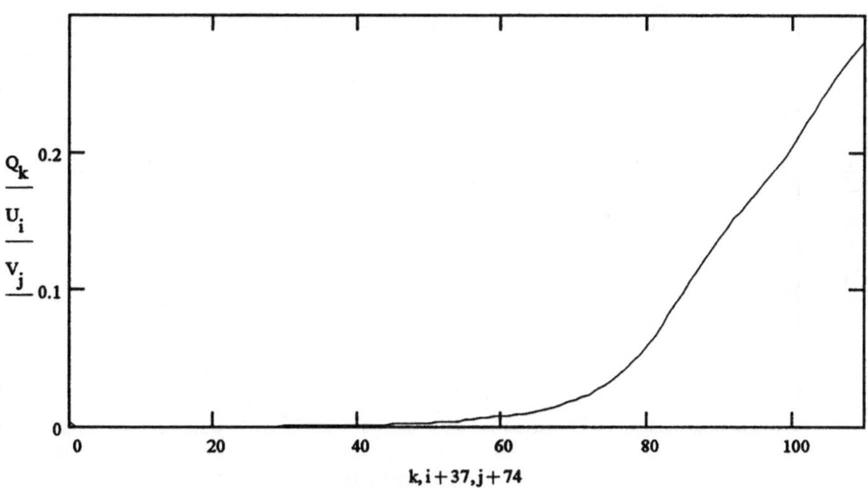

Bild D6: Sterbewahrscheinlichkeiten eines Mannes im Jahre 1996

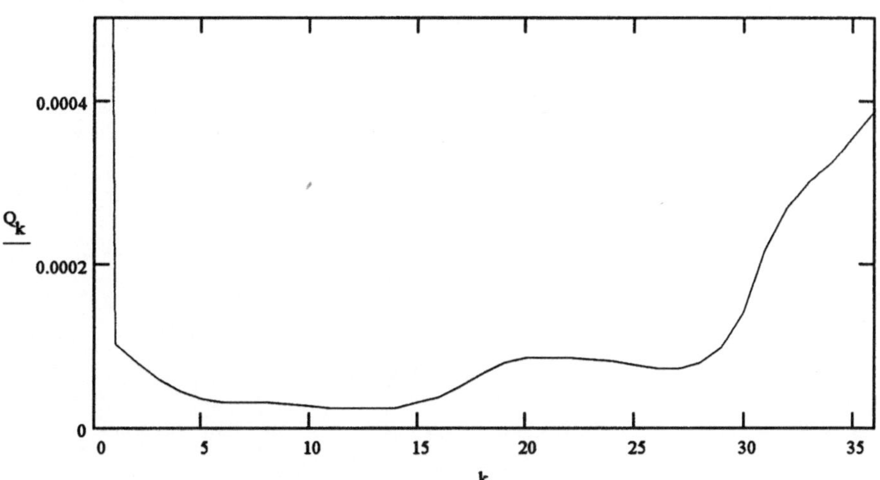

**Bild D.7: Sterbewahrscheinlichkeiten einer Frau im Jahre 1996
für die Lebensalter 0..36**

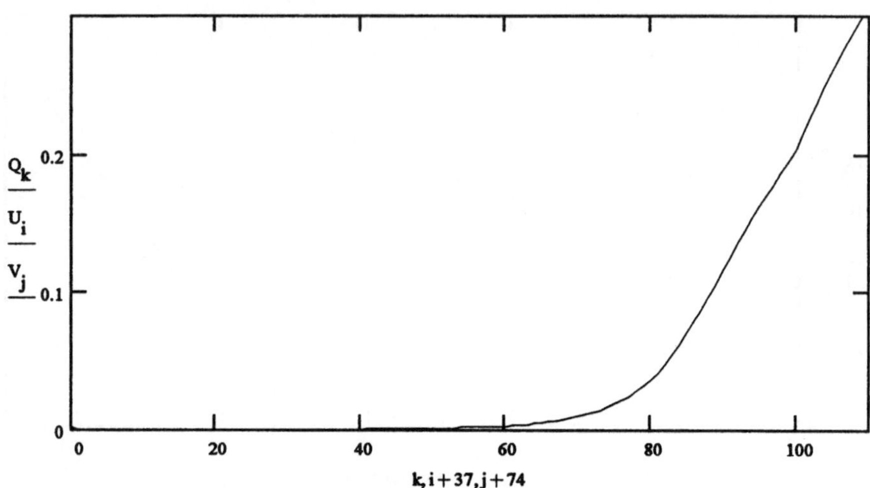

Bild D.8:   Sterbewahrscheinlichkeiten einer Frau im Jahre 1996

E. Bilder der Verteilungsfunktion, Dichtefunktion und Sterblichkeitsintensität der Restlebensdauer von 0-, 20-, 40-, 60- und 80jährigen Männern gemäß DAV-Sterbetafel 1994 T

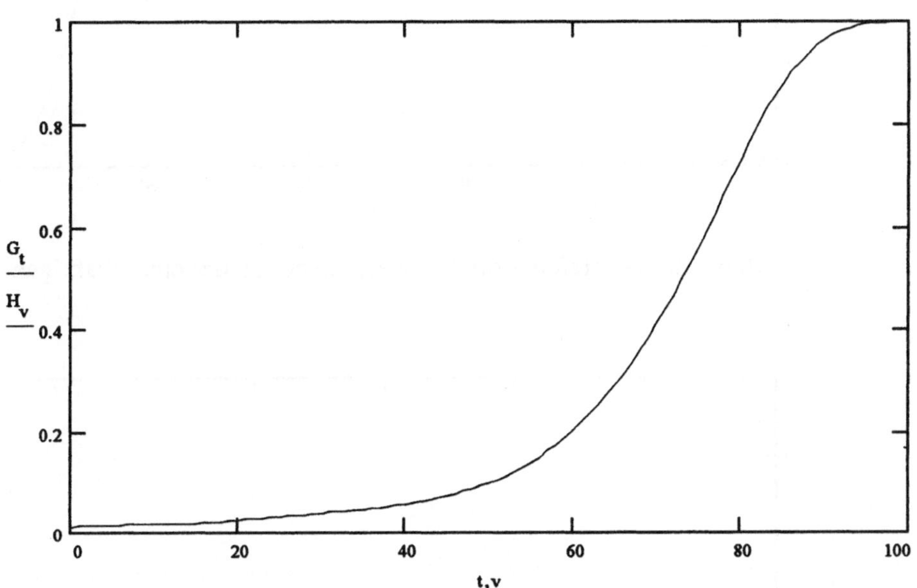

Bild E.1: Verteilungsfunktion der (Rest-)Lebensdauer eines 0jährigen

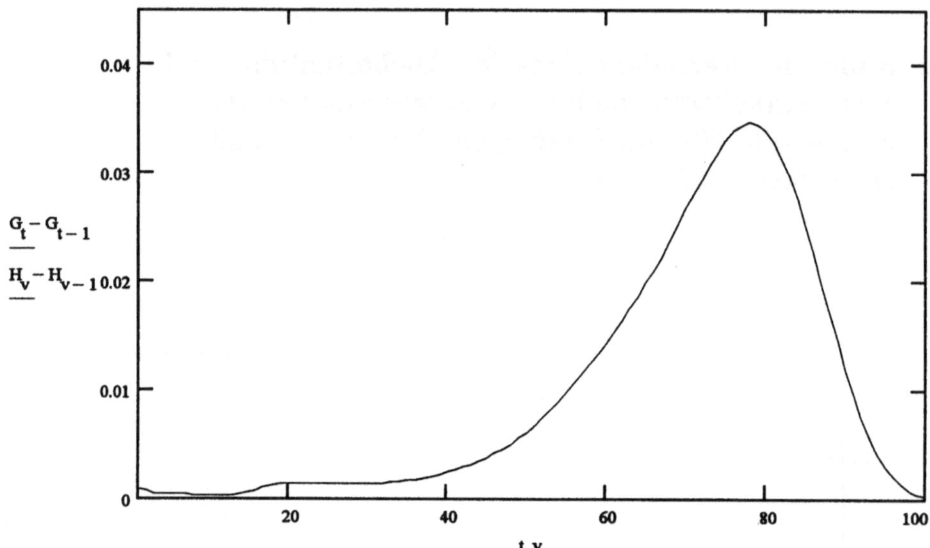

Bild E.2: Dichtefunktion der (Rest-)Lebensdauer eines 0jährigen

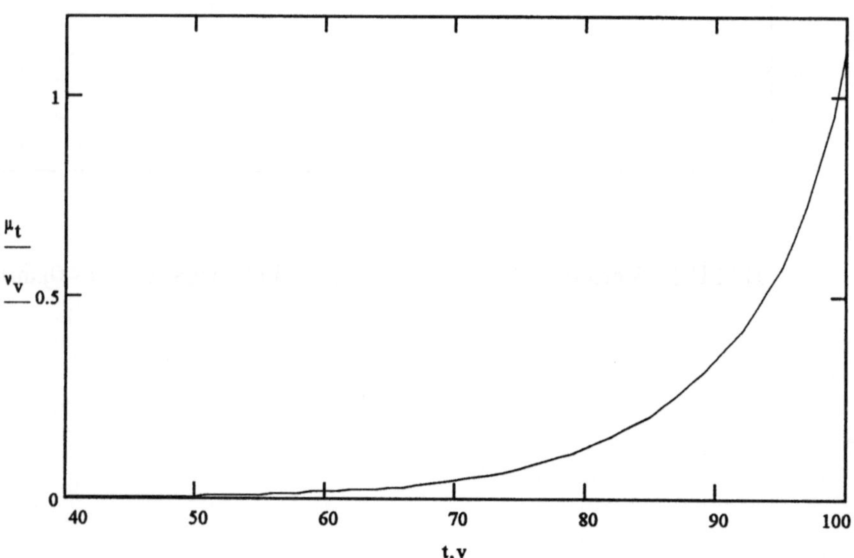

Bild E.3: Sterblichkeitsintensität eines 0jährigen

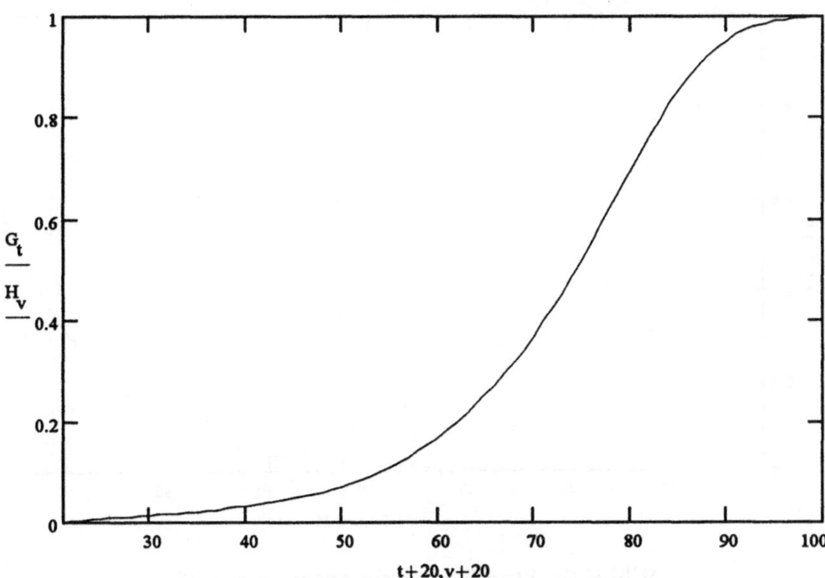

Bild E.4: Verteilungsfunktion der Restlebensdauer eines 20jährigen

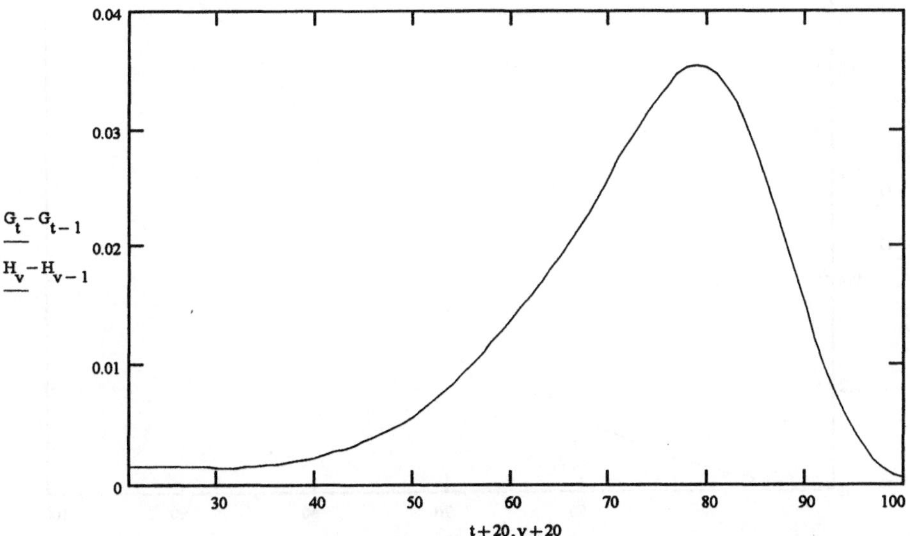

Bild E.5: Dichtefunktion der Restlebensdauer eines 20jährigen

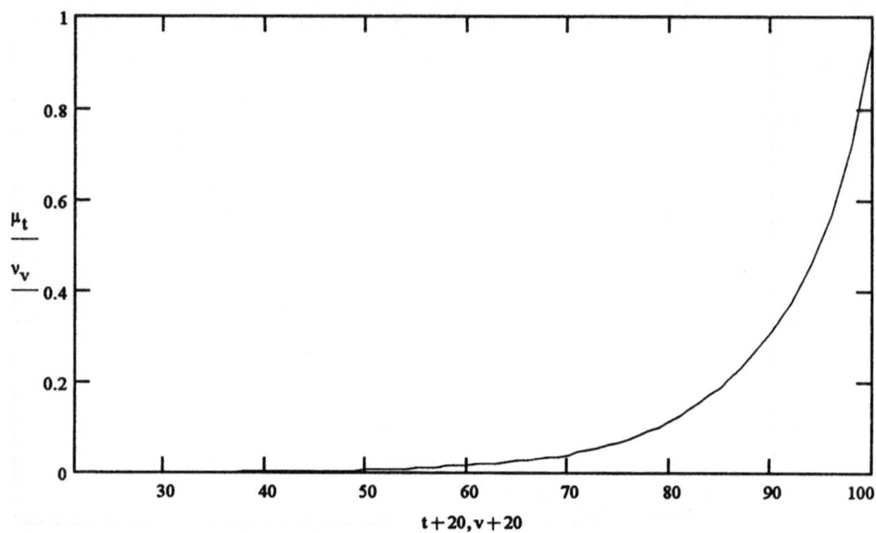

Bild E.6: Sterblichkeitsintensität eines 20jährigen

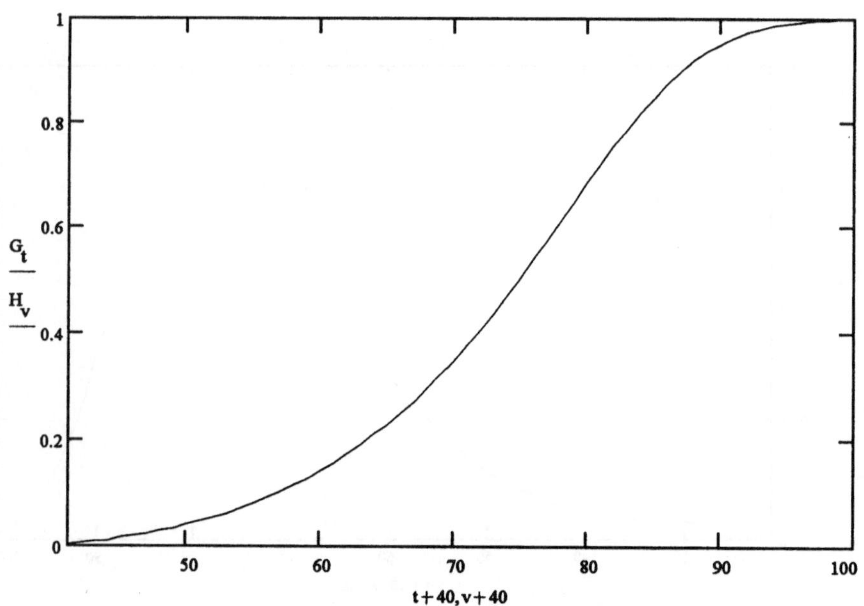

Bild E.7: Verteilungsfunktion der Restlebensdauer eines 40jährigen

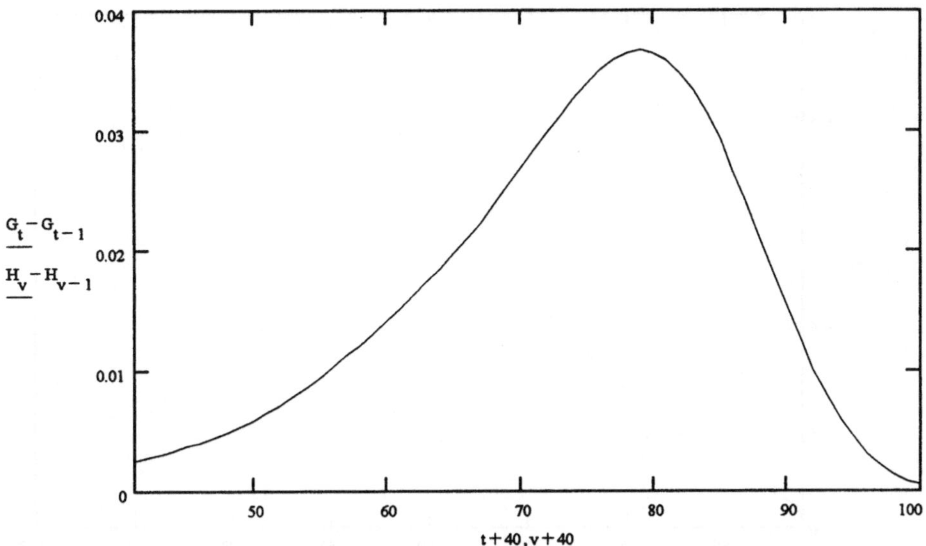

Bild E.8: Dichtefunktion der Restlebensdauer eines 40jährigen

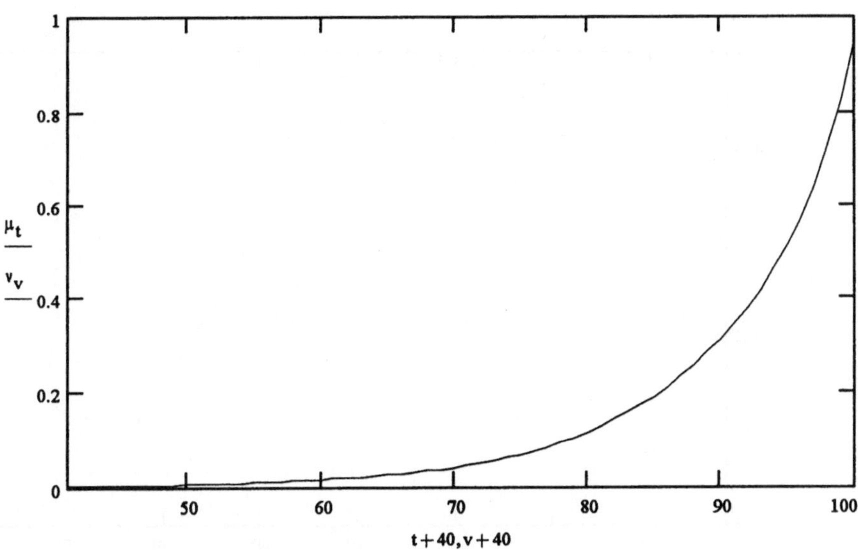

Bild E.9: Sterblichkeitsintensität eines 40jährigen

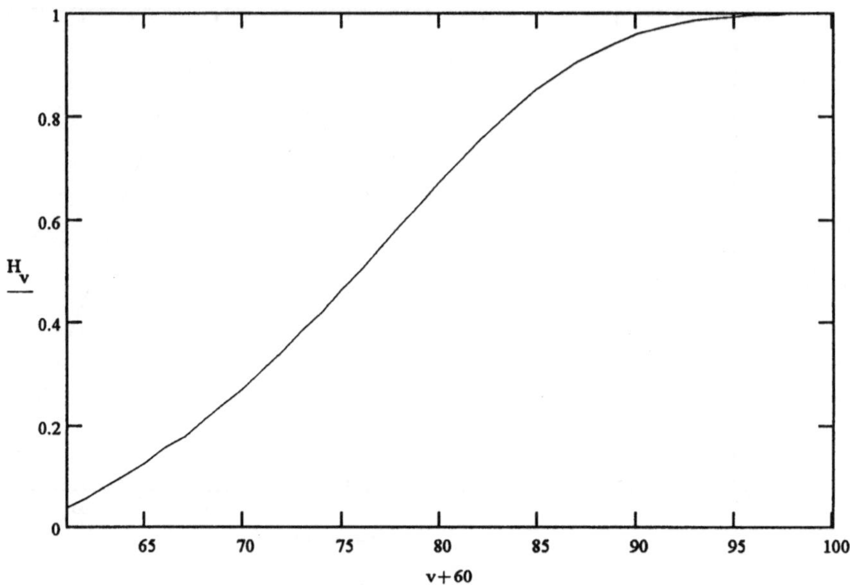

Bild E.10: Verteilungsfunktion der Restlebensdauer eines 60jährigen

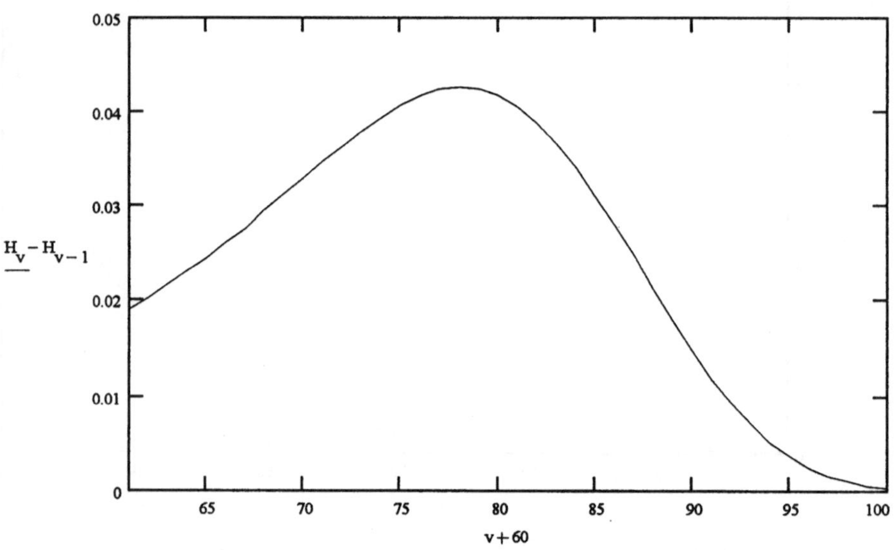

Bild E.11: Dichtefunktion der Restlebensdauer eines 60jährigen

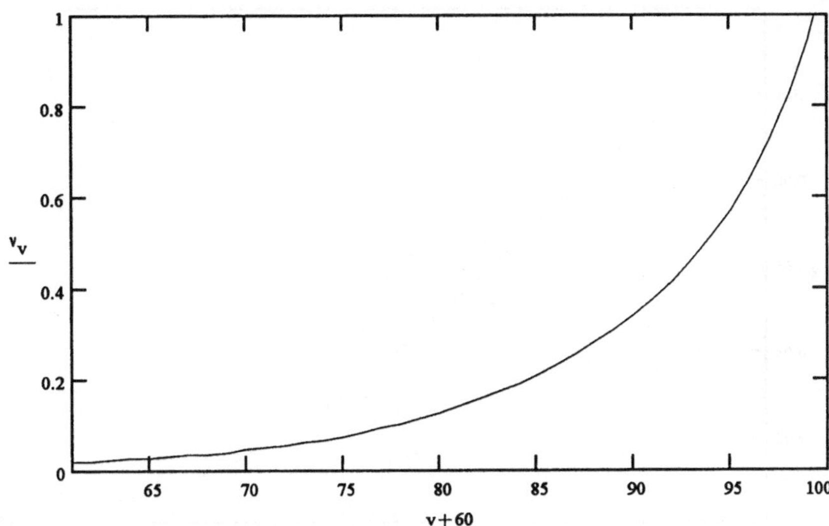

Bild E.12: Sterblichkeitsintensität eines 60jährigen

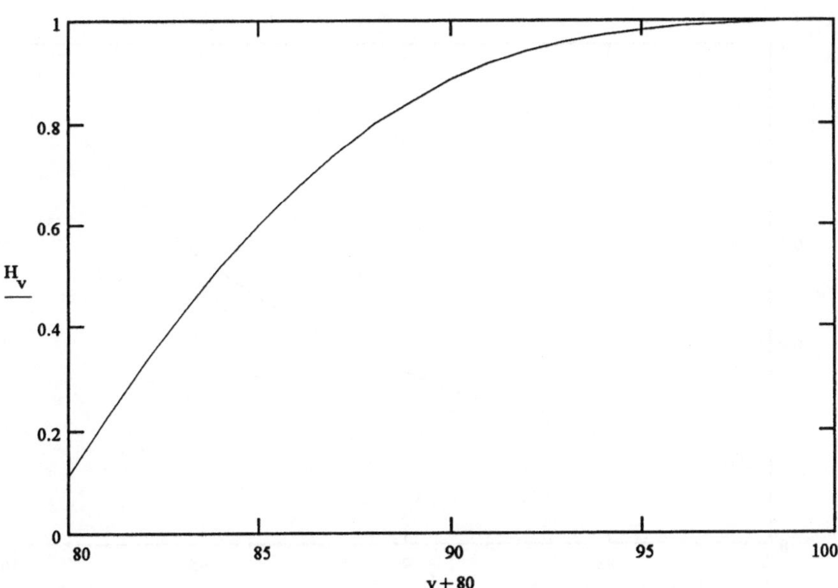

Bild E.13: Verteilungsfunktion der Restlebensdauer eines 80jährigen

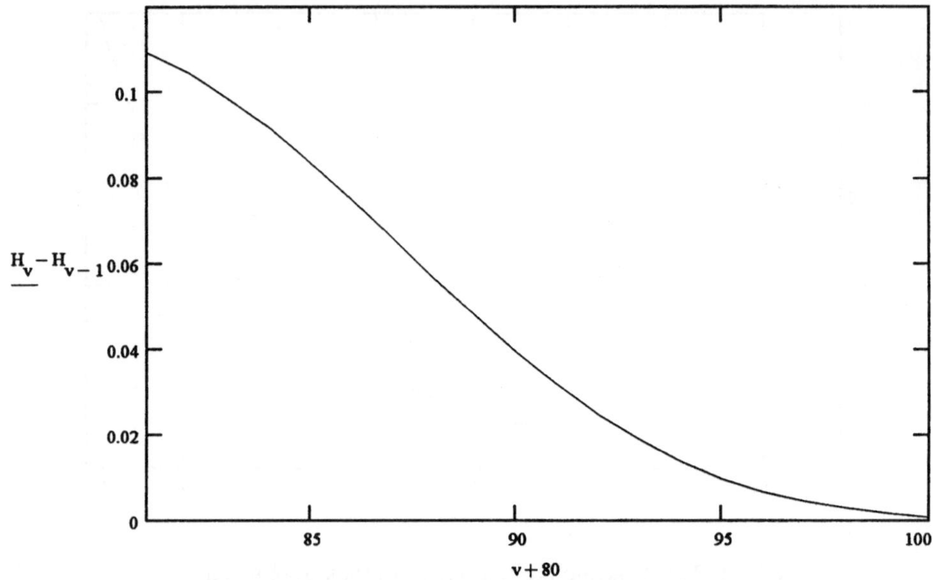

Bild E.14: Dichtefunktion der Restlebensdauer eines 80jährigen

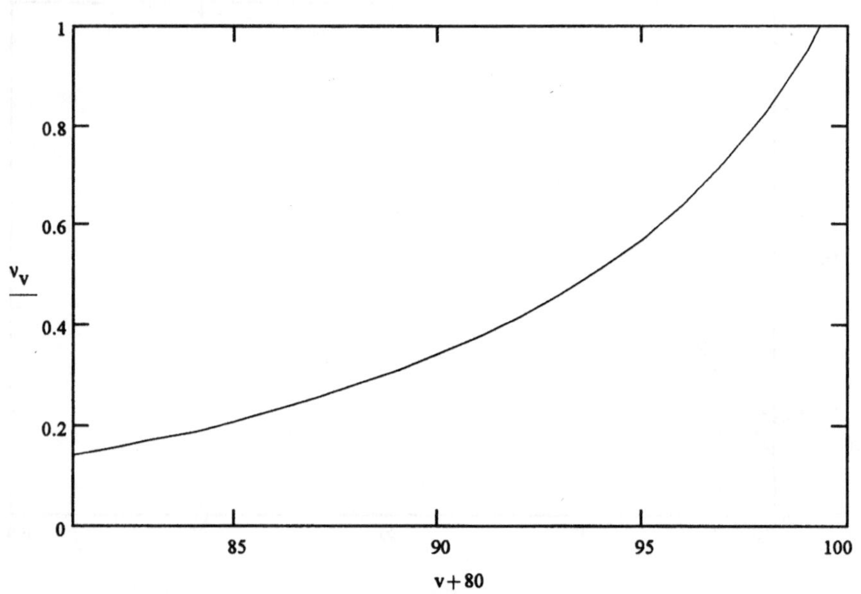

Bild E.15: Sterblichkeitsintensität eines 80jährigen

Bilder der Verteilungsfunktion, Dichtefunktion und Sterblichkeitsintensität der Restlebensdauer von 0-, 20-, 40-, 60- und 80jährigen Frauen gemäß DAV-Sterbetafel 1994 T

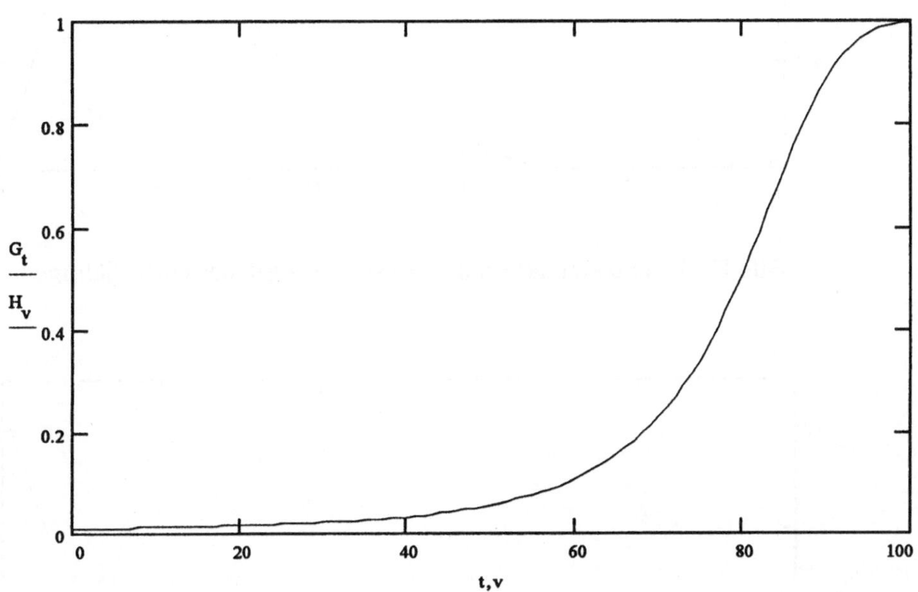

Bild E.16: Verteilungsfunktion der (Rest-)Lebensdauer einer 0jährigen

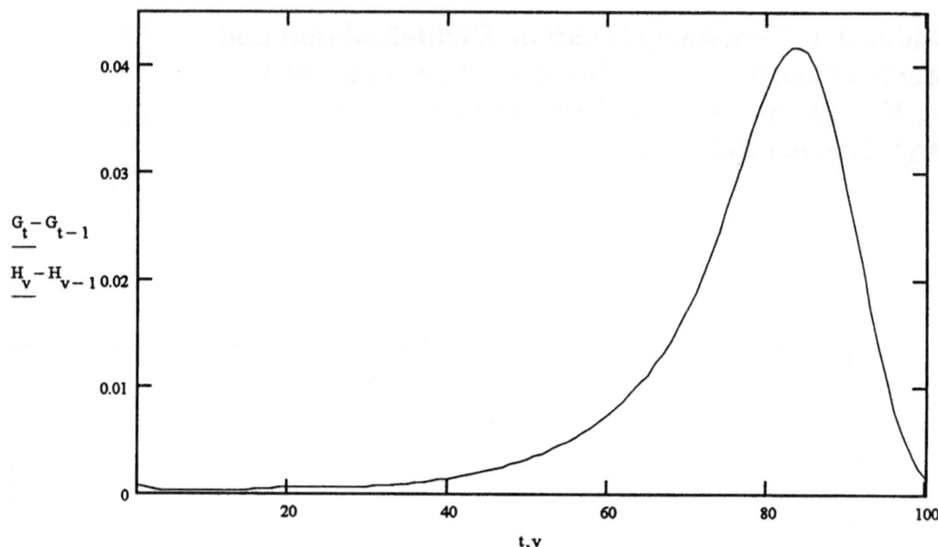

Bild E.17: Dichtefunktion der (Rest-)Lebensdauer einer 0jährigen

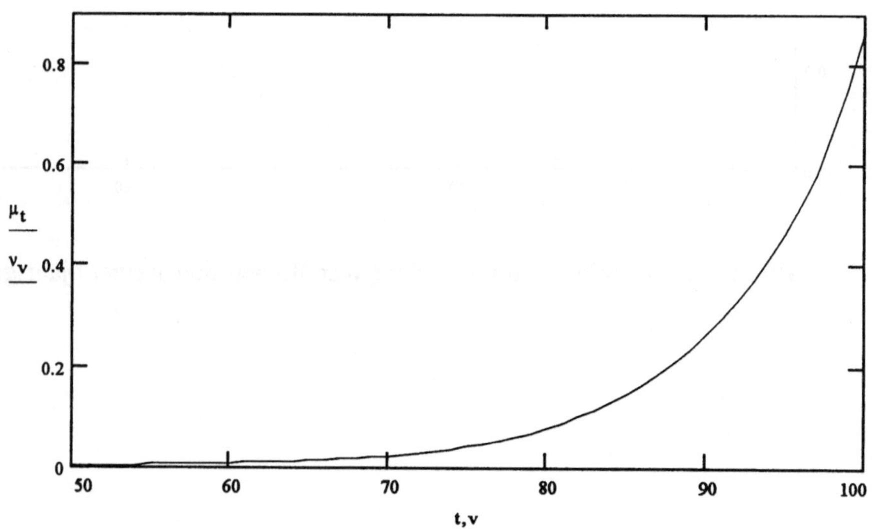

Bild E.18: Sterblichkeitsintensität einer 0jährigen

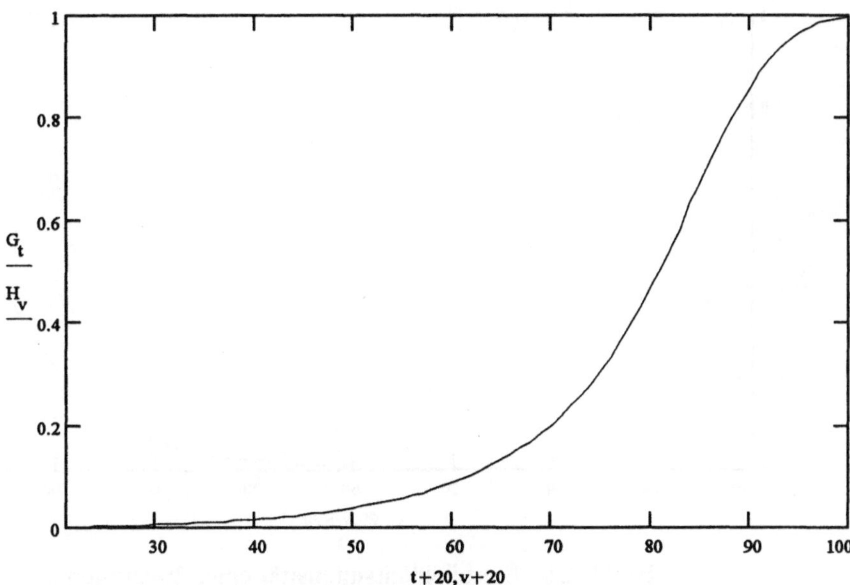

Bild E.19: Verteilungsfunktion der Restlebensdauer einer 20jährigen

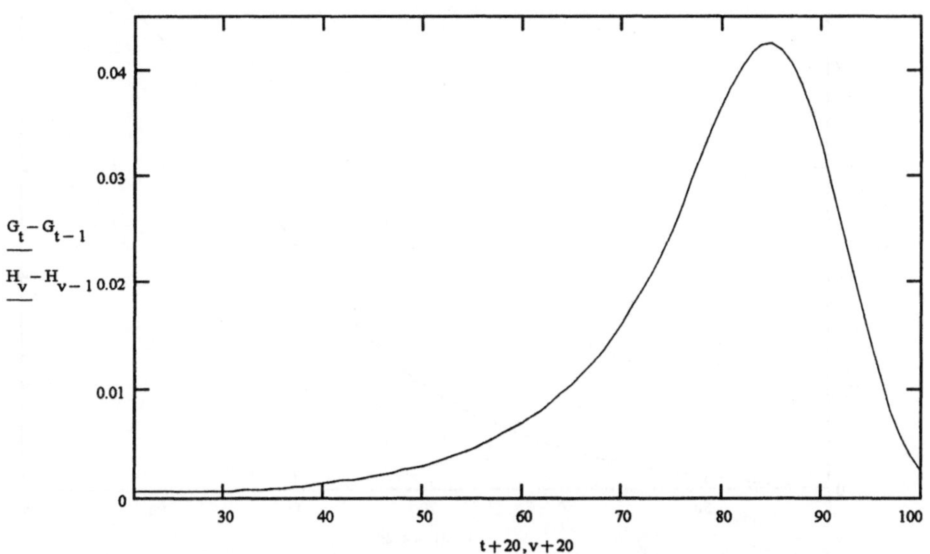

Bild E.20: Dichtefunktion der Restlebensdauer einer 20jährigen

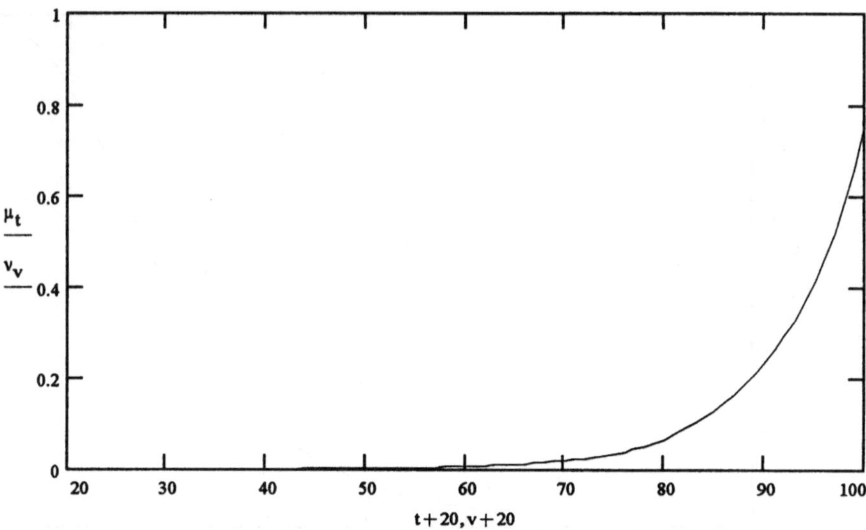

Bild E.21: Sterblichkeitsintensität einer 20jährigen

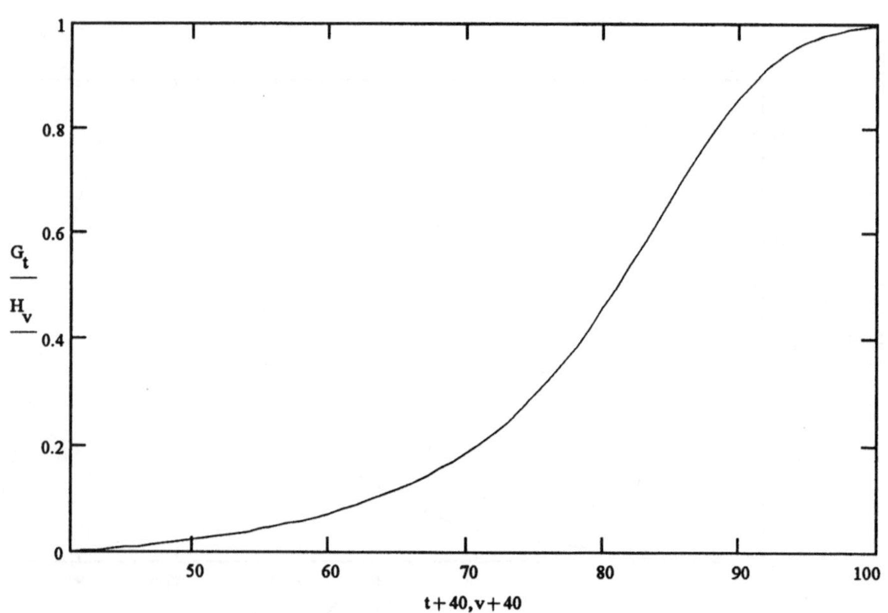

Bild E.22: Verteilungsfunktion der Restlebensdauer einer 40jährigen

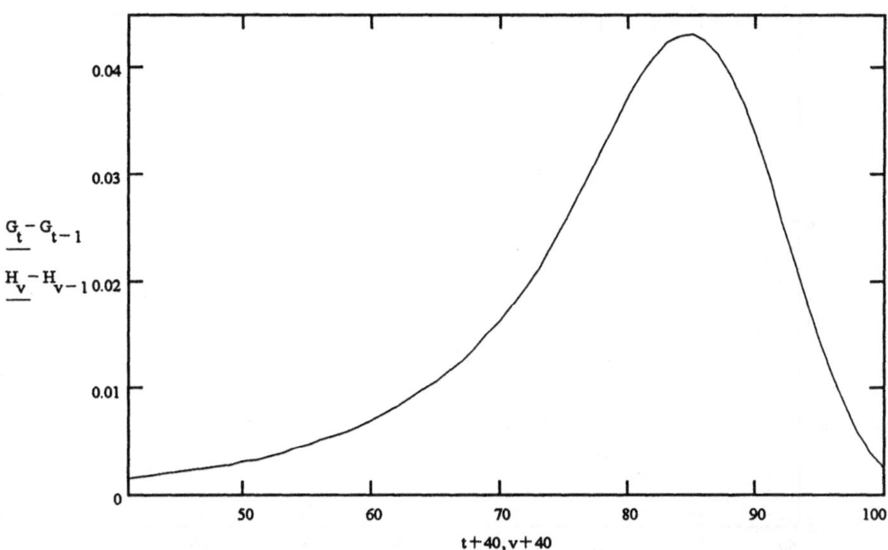

Bild E.23: Dichtefunktion der Restlebensdauer einer 40jährigen

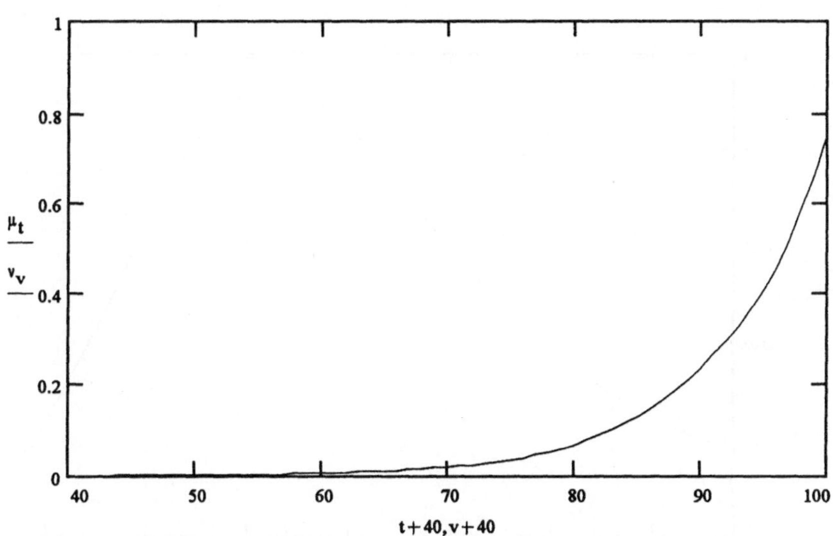

Bild E.24: Sterblichkeitsintensität einer 40jährigen

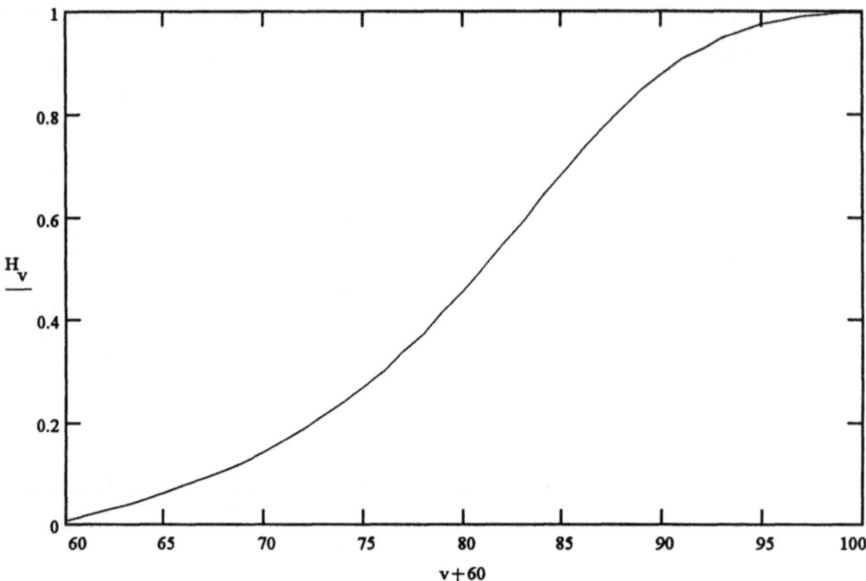

Bild E.25: Verteilungsfunktion der Restlebensdauer einer 60jährigen

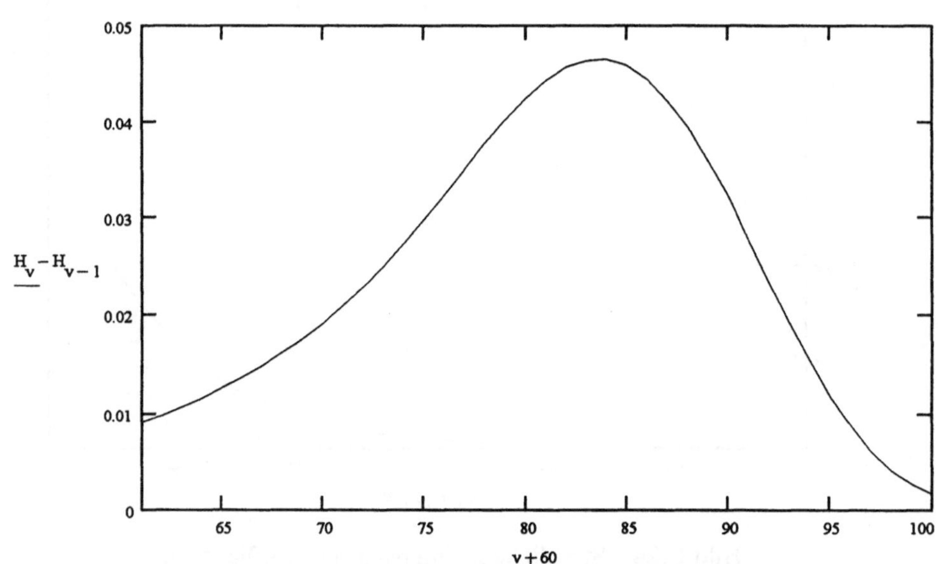

Bild E.26: Dichtefunktion der Restlebensdauer einer 60jährigen

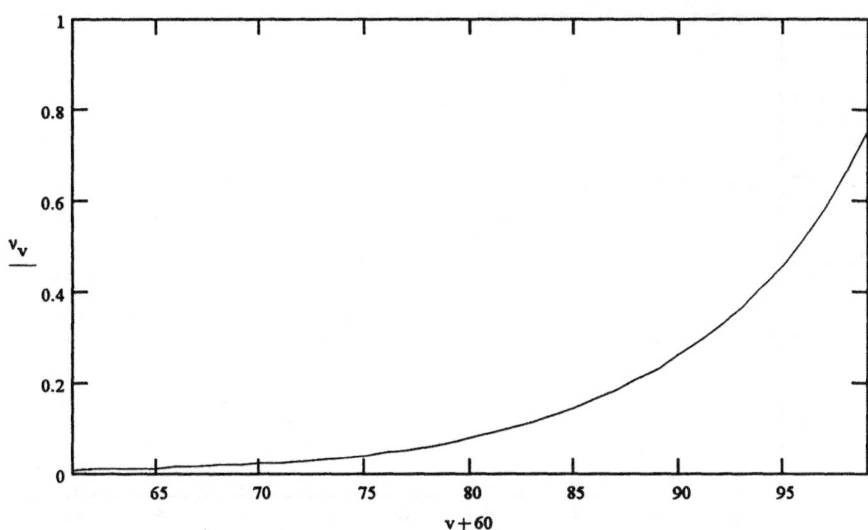

Bild E.27: Sterblichkeitsintensität einer 60jährigen

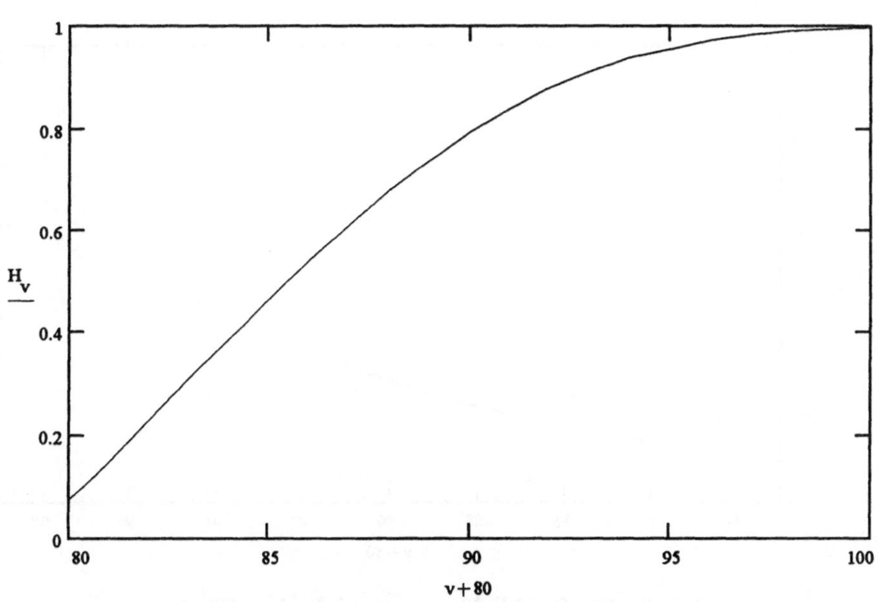

Bild E.28: Verteilungsfunktion der Restlebensdauer einer 80jährigen

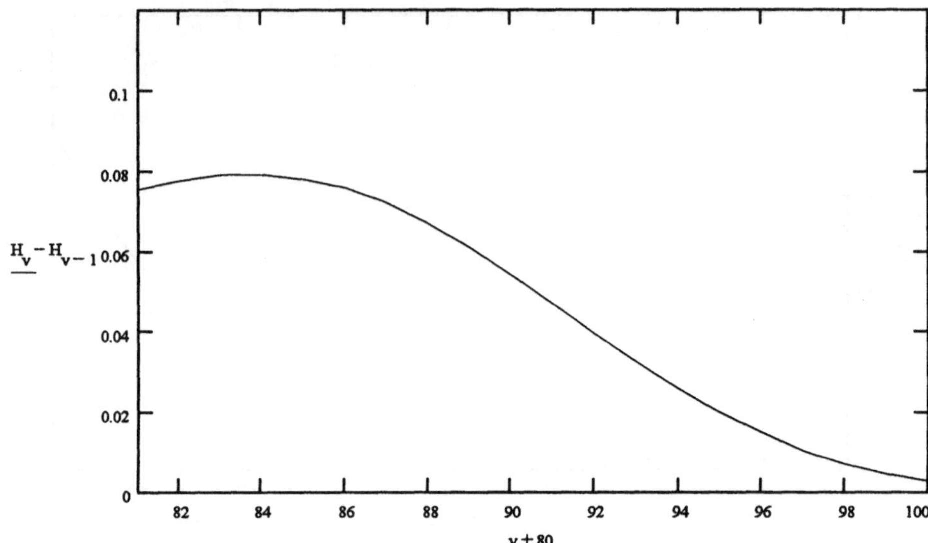

Bild E.29: Dichtefunktion der Restlebensdauer einer 80jährigen

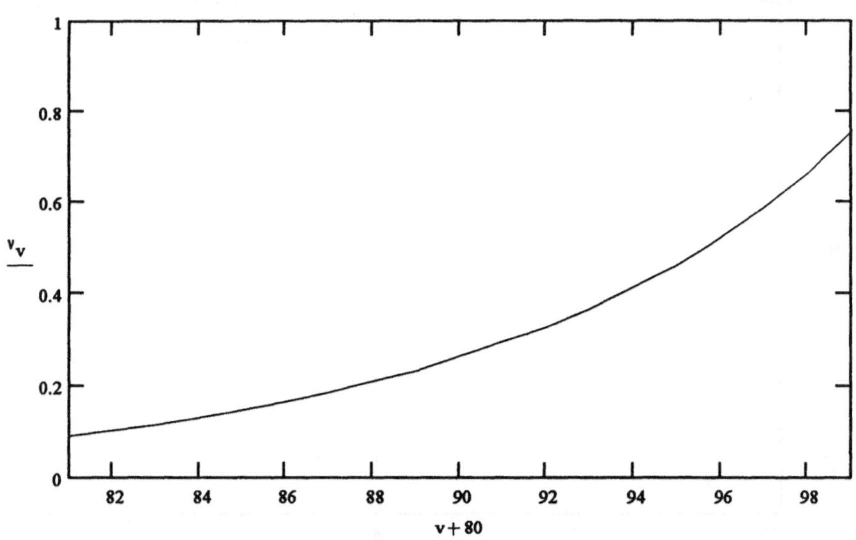

Bild E.30: Sterblichkeitsintensität einer 80jährigen

Literatur

Finanz- und Versicherungsmathematik

[BOE]   C. Boehm, D. Flach: Versicherungsmathematische Aufgabensamm-
            lung. Schriftenreihe Angewandte Versicherungsmathematik, 1.Folge,
            Heft 6. Karlsruhe: Verlag Versicherungswirtschaft e.V. 1978.

[BOS]   K. Bosch: Finanzmathematik. München: R. Oldenbourg Verlag 1987.

[BRÖ]   K. Bröse, R. Schmetzke (M. Helbig, F. Hensel): Tabellen- und
            Formelsammlung zur Finanz- und Lebensversicherungsmathematik.
            Karlsruhe: Verlag Versicherungswirtschaft e.V. 1985.

[CAP]   E. Caprano, A. Gierl: Finanzmathematik. München: Verlag Franz
            Vahlen 1990.

[DÄ1]   K.-D. Däumler: Grundlagen der Investitions- und Wirtschaftlichkeits-
            rechnung. Herne/Berlin: Verlag Neue Wirtschafts-Briefe 1989.

[DÄ2]   K.-D. Däumler: Praxis der Investitions- und Wirtschaftlichkeitsrech-
            nung. Herne/Berlin: Verlag Neue Wirtschafts-Briefe 1988.

[FEI]   M. Feilmeier, J. Bertram: Anwendung numerischer Methoden in der
            Risikotheorie, Schriftenreihe Angewandte Versicherungsmathematik,
            Heft 16. Karlsruhe: Verlag Versicherungswirtschaft e.V. 1987.

[GER]   H.U. Gerber: Lebensversicherungsmathematik. Berlin: Springer
            Verlag 1986.

[GRO]   H.-L. Grob, D. Everding: Finanzmathematik mit dem PC.
            Wiesbaden: Gabler Verlag 1992.

[HEL]   M. Helbig u.a.: Beiträge zum versicherungsmathematischen Grund-
            wissen, Schriftenreihe Angewandte Versicherungsmathematik.
            Karlsruhe: Verlag Versicherungswirtschaft e.V. 1987.

[HIP]   C. Hipp, R. Michel: Risikotheorie: Stochastische Modelle und
Statistische Methoden, Schriftenreihe Angewandte Versicherungsmathematik, Heft 24. Karlsruhe: Verlag Versicherungswirtschaft e.V.
1990.

[INT]   Internationale versicherungsmathematische Bezeichnungsweise.
In: Blätter der Deutschen Gesellschaft für Versicherungsmathematik,
Band II, Heft 3. Würzburg 1954/56.

[KÖH]   H. Köhler: Finanzmathematik. München: Carl Hanser Verlag 1992.

[LAU]   H. Laux: Grundzüge der Bausparmathematik. Schriftenreihe Angewandte Versicherungsmathematik, Heft 8. Karlsruhe: Verlag
Versicherungswirtschaft e.V. 1978.

[RIN]   H. Rinne: Wirtschafts- und Bevölkerungsstatistik. München:
R. Oldenbourg Verlag 1994.

Wahrscheinlichkeitsrechnung und Statistik

[BAM]   G. Bamberg, F. Baur: Statistik. München: R. Oldenbourg Verlag
1991.

[BEY]   O. Beyer, H. Hackel, V. Pieper, J. Tiedge: Wahrscheinlichkeitsrechnung und mathematische Statistik. Stuttgart Leipzig: Teubner
Verlag 1995.

[HAR]   J. Hartung, B. Elpelt, K.-H. Klösner: Statistik; Lehr- und Handbuch
der angewandten Statistik. München: R.Oldenbourg Verlag 1986.

[STO]   R. Storm: Wahrscheinlichkeitsrechnung, mathematische Statistik und
statistische Qualitätskontrolle. Leipzig: Fachbuchverlag 1995.

[ZEI]   E. Zeidler (Hrsg.): TEUBNER-TASCHENBUCH der Mathematik.
Stuttgart Leipzig: Teubner Verlag 1996.

Sachwortverzeichnis

Abzinsrate 16
Abzinsungsfaktor 16, 49
Anfangsdarlehen 49
Anfangsschuld 39
Annuität 29
Annuitätentilgung 41
-, unterjährliche 45
Anspargrad 49
Ansparphase 47
Äquivalenzprinzip 18
arithmetische Folge/Reihe 9
Aufzinsungsfaktor 16, 49
Ausscheideordnung 100, 128
-, einfache 100
-, zusammengesetzte 100
Axiomensystem 66

Barwert 17
Basistafel 2000 91
Bausparen 47
Bausparsumme 48, 49
bedingte Verteilung 67
- Wahrscheinlichkeit 66
Bewertungszahlen 52
Bonus 120
Bruttoprämie 127
Bruttowerte 126

Darlehen 49
Darlehensgebühr 48, 49
Deckungskapital 103, 104
Disagio 46
Diskontierung 15
Diskontierungsfaktor 16
dynamisches Modell 57

einfache Zinsrechnung 13
Einmalsparbetrag 57, 59
Endwert 17
Erlebensfallversicherung 109, 117

Faltung 70

gemischte Versicherung 119, 120
geometrische Folge/Reihe 11
Gestorbene 87

Investitionsrechnung 19

Kapitalwert-Methode 20
Kommutationswerte/-zahlen 86, 88
Korrelationskoeffizient 69
Kovarianz 69
Kündigungsfaktor 57, 60

Laufzeit 13, 17, 32
Lebensbaum 83
Lebensdauerverteilung 93
Lebensversicherung 109
Leibrente 121
-, aufgeschoben 125
-, befristet 123, 125
-, auf Lebenszeit 121

Maßzahlen 69
mittlere Lebenserwartung 86

nachschüssig 27
Nettoprämie 103, 126
nichtstatische Modelle 56

Poissonscher Prozeß 75

Ratentilgung 39
Rente 29
-, ewige 33
-, fortschreitende 34
-, unterjährliche 36
-, zeitlich begrenzte 33
Rentenbarwertfaktor 31
Rentenendwertfaktor 31
Restlebensdauer 86, 157, 165
Risikotheorie 105
-, individuelle 105
-, kollektive 107

Schuld 39
Sicherheitszuschlag 126
statisches Modell 49
Sterberate 82
Sterbetafel 84, 131
-, DAV-Sterbetafel 1994 T 86, 131
-, DAV-Sterbetafel 1994 R 91
-, verkürzte 88, 146
-, zweidimensionale 91
Sterbewahrscheinlichkeit 85, 87, 98
Sterblichkeitsfunktion 92
Sterblichkeitsintensität 94, 157, 165
stochastischer Prozeß 73

Tilgung 30, 39, 61
Tilgungsphase/-zeit 47
Tilgungsrate 39
Todesfallversicherung 109
-, auf Lebenszeit 109, 111, 114
-, befristet 114, 115
- bei Sofortbetrag 109, 114
Trendfaktor 91

Überlebende 85, 87
Überlebensfunktion 92, 97
Überlebenswahrscheinlichkeit 85

Verzinsung
-, gemischte 22
-, stetige 24
-, unterjährliche 23
vorschüssig 27

Wachstumsrate/-faktor 11, 81
Wartezeit 49

Zinsen 13
Zinseszins 16
Zinsfuß 14
Zinsfuß-Methode 20
Zinsintensität 16, 24
Zinsperiode 13
Zinsrate 14
Zinssatz 14
-, effektiver 17, 61
-, nomineller 17
-, unterjährlicher 23
Zinsteiler 14
Zinstermin 14
Zinszahl 14
Zufallsgrößen 67
-, unabhängige 68
-, unkorrelierte 69
Zuwächse 81
-, arithmetische 34
-, geometrische 35